KARST, HÖHLEN UND MENSCHEN

Nadja Zupan Hajna

Slovenian
National Commission
for UNESCO

KARST, HÖHLEN UND MENSCHEN

Text
Nadja Zupan Hajna
Research Centre of the Slovenian Academy of Sciences and Arts, Karst Research Institute, Postojna, Slovenia; UNESCO Chair on Karst Education, Vipava, Slovenia; und International Union of Speleology UIS, Postojna, Slovenia

Fotografen (alphabetisch)
Viacheslav Andreychouk, Marek Audy, Alexandra Bengel, Matej Blatnik, Peter Bosted, Richard Bouda, Charles Brewer, Dave Bunnell, Mark Burkey, Nivaldo Colzato, Philippe Crochet, Csaba Egri, Jean-François Fabriol, José Cláudio Faraco, Andrej Filippov, Remy Flament, Derek Ford, Franci Gabrovšek, Mladen Garašić, Peter Gedei, Satoshi Goto, Paul Griffiths, Eric Guth, Anja Hajna, Jurij Hajna, Miha Hajna, Timo Hess, Peter Hofmann, Chris Howes, Radek Husák, Francois J. Jacobs, Nina Jankovič, Bogdan Kladnik, Alexander Klimchouk, Blaž Kogovšek, Jose Ayrton Labegalini, Borut Lozej, Miroslav Manhart, Štěpán Mátl, Cyril Mayaud, Brent McGregor, Andrej Mihevc, Zdeněk Motyčka, Jasminko Mulaomerović, Alexandr Osintsev, Metka Petrič, Mitja Prelovšek, Carolyn L. Ramsey, Nataša Ravbar, Jean-Noel Salomon, Andreas Schober, Robbie Shone, Neil Silverwood, Jan Sirotek, Helmut Steiner, Uroš Stepišnik, Rainer Straub, Georg Taffet, George Veni, Werner Vogel, Mirjam Widmer, Paul Williams, Max Wisshak, Wolfgang Zillig und Nadja Zupan Hajna unter Nutzung von Material des Rìo Secreto Archive (RSA), ZRC SAZU Karst Research Institute Archive (IZRK) und des Staatsarchivs Triest.

Titelfotos
Planinsko Polje (Slowenien) bei Hochwasser mit Siedlungen auf Dolomitgestein und Wäldern auf Kalkgestein und den Julischen Alpen im Hintergrund; J. Hajna, und Križna Jama, Slowenien; P. Gedei.

Design & Layout
Marek Audy

Originalpublikation
Karst, caves and people / Nadja Zupan Hajna; [authors of the photos Viacheslav Andreychouk et al.]. - 1st ed.,
1st print. - Ljubljana: ZRC SAZU, Založba ZRC, 2021

Lektorat/Übersetzung
Paul Griffiths, Bill I'Anson, Carolyn Ramsey (Englisch), Sebastian Breitenbach, Philipp Häuselmann, Friedhart Knolle, Michael Laumanns, Theo Pfarr, Christoph Spötl, Helmut Steiner (deutsche Übersetzung und Redaktion)

Druck
Druckerei & Verlag Steinmeier GmbH & Co.KG, Deiningen

Herausgeber
Verband der deutschen Höhlen- und Karstforscher e.V., www.vdhk.de

1. deutschsprachige Auflage, 2022
ISBN 978-3-947642-01-4

Vertrieb
Speleo Projects
Caving & Mountain Edition
Hannberger Weg 35
91091 Großenseebach
www.speleoprojects.com

CONTENT

Pont du Gard (Frankreich), Teil eines römischen Aquäduktes, mit dem Wasser von den Karstquellen Fontaine d'Eure bei Uzès bis nach Nîmes geleitet wurde; N. Zupan Hajna

Dieses reich bebilderte Buch über Höhlen und Karst erscheint 2021. Es ist das „Internationale Jahr für Höhlen und Karst" – eine Initiative der Internationalen Union für Speläologie (UIS), um die Öffentlichkeit auf dieses Thema verstärkt aufmerksam zu machen.

Karstlandschaften und ihre Höhlen sind in löslichen Gesteinen entwickelt, insbesondere in Kalk, Dolomit und Marmor (allgemein als Karbonatgesteine bekannt). Diese Gesteine bilden 20 % der eisfreien Landoberfläche. Bedeutende Höhlen, Bachschwinden und Einsturzdolinen sind auch aus so genannten Evaporitgesteinen bekannt, also Gips oder Steinsalz. Letztere sind aber weniger weit verbreitet, da diese Gesteine sehr gut löslich sind. Karbonatgesteine haben eine außergewöhnliche Bedeutung als Naturerbe aufgrund ihrer landschaftlichen Erscheinungsform und Biodiversität, ihrer wichtigen Rolle bei der Entstehung der menschlichen Zivilisation, die oft mit den großen und ergiebigen Karstquellen im Zusammenhang stehen, und ihrer heutigen Bedeutung als Erholungsgebiete. Sie sind zudem auch für die Rohstoffgewinnung essentiell, etwa für die Gewinnung von dekorativem Kalkstein, mit dem z.B. das Tadj Mahal errichtet wurde und, mehr profan, für die Zementindustrie. Neueste Zahlen machen deutlich, dass derzeit rund 1,2 Milliarden Menschen (16,5 % der Weltbevölkerung) in Karstgebieten leben. Der Löwenanteil ihrer Wasserversorgung stammt aus dem Karst, überwiegend aus unterirdischen Wasservorkommen. Das Potential zur nachhaltigen Erschließung und Nutzung weiterer Karstwasserreserven ist groß. Bedauerlicherweise sind die Umweltschäden durch Übernutzung und Verschmutzung erheblich, besonders durch dauerhafte Wasserverunreinigung. Dieser Band erläutert die Ursachen dafür. Ein Leben im Karst und mit dem Karst muss behutsam erfolgen, da Oberfläche und Untergrund eng zusammenhängen. Karst ist ein dreidimensionales Phänomen und benötigt spezielle Kenntnisse und eine vorsichtige Bewirtschaftung für eine nachhaltige Besiedlung, sowohl zum Nutzen für die Bevölkerung als auch für das komplexe unterirdische Ökosystem unter unseren Füßen, das für uns nicht leicht zugänglich und sichtbar ist und dem wir deshalb oft keine Beachtung schenken. Das vorliegende Buch soll dazu dienen, dieses Bewusstsein zu stärken.

Derek Ford & Paul Williams

Altinbeşik-Höhlennationalpark, Antalya, Türkei; R. Straub

Das Motto des Internationalen Jahres für Höhlen und Karst 2021 (International Year of Caves and Karst, IYCK) lautet: „Erforschen, Verstehen, Schützen". Trotz seiner weiten Verbreitung und großen Bedeutung ist das Phänomen Karst nur relativ wenigen Fachleuten ein Begriff. Um den Karst und die Karstlandschaften zu schützen und nachhaltig zu nutzen, muss zunächst ihr Wert verstanden werden.

Typische Karstlandschaften zeichnen sich dadurch aus, dass es nur wenig oder gar keinen oberirdischen Abfluss gibt, sondern eine unterirdische Entwässerung, die durch Höhlensysteme erfolgt. Karstformen werden von Karren, Dolinen, Poljen, unvermittelt blind endenden Tälern, periodischen Seen, Bachschwinden, in ihrer Schüttung stark schwankenden Karstquellen, unterirdischen Flüssen und Höhlen beherrscht. Diese Erscheinungsformen sind Bestandteile des Entwässerungssystems im Karst, die das Wasser versickern, dann im Untergrund fließen und schließlich wieder an die Oberfläche treten lassen.

Seit der Antike waren Forscher, Wissenschaftler und Besucher stets von der Dramatik der Karstlandschaften, ihren Höhlen und dem ungewöhnlichen Verhalten des Wassers fasziniert. Heute werden die Themen „Höhlen" und „Karst" weltweit, z.B. von der UNESCO, der IUCN, vielen Organisationen und Regierungen verstärkt wahrgenommen – es sind ganz besondere geographische Systeme von hoher Bedeutung und Schutzwürdigkeit.

Hunderte Höhlen sind überall auf der Welt für Touristen zugänglich, häufig in Welterbe-Gebieten. Sie werden von rund 150 Millionen Menschen jährlich besucht, was einen wichtigen ökonomischen Beitrag für viele Länder darstellt. Wasservorkommen im Karst liefern schätzungsweise 20 % des weltweiten Trinkwassers. Die größten Quellen der Welt sind Karstquellen. Höhlen und Karst beherbergen die diversifiziertesten, wichtigsten und seltensten Ökosysteme. Höhlen archivieren die vollständigsten Aufzeichnungen des Paläoklimas und der Paläoumwelt. Damit sind sie wichtig für wissenschaftliche Studien, um den derzeit stattfindenden Klimawandel und zukünftige globale Bedingungen besser vorhersagen zu können.

Höhlen und Karst sind unzureichend bekannt und verstanden. Nur wenige Wissenschaftler und Umweltmanager sind für die Erforschung und die Nutzung entsprechend ausgebildet. Manche Regierungen nehmen Höhlen und Karst entweder gar nicht wahr oder erkennen mögliche Gefahren nicht. Fachtagungen zu Höhlen und Karst nehmen jedoch zu, und Karstforschungsinstitute existieren inzwischen in acht Ländern. Echtes Verstehen und gutes Management von Höhlen und Karst bedarf eines breiten, internationalen Austausches und der Wertschätzung von lokalen und nationalen Regierungen, Wissenschaftlern, Managern und der Öffentlichkeit.

Das Organisations-Komitee des IYCK 2021
International Union of Speleology UIS

Riesending-Höhle, Deutschland; W. Zillig

Nur wenige Monate, nachdem das vorliegende Buch auf Englisch erschienen ist, liegt nun bereits die deutsche Übersetzung vor, denn die Corona-Pandemie erzwang auch von Höhlenforscherinnen und Höhlenforschern mehr Schreibtischarbeit.
Ausschlaggebend für die Entscheidung, *Karst, Caves and People* von Nadja Zupan Hajna in einer deutschen Fassung herauszugeben, waren zwei Aspekte. Das Buch ist eine Ausnahmeerscheinung im breiten internationalen Literaturspektrum der Karst- und Höhlenforschung. Es ist eine gelungene populärwissenschaftliche Einführung in faktisch alle relevanten Facetten von Karst und Höhlen mit einem nahezu perfekten Mix aus hochwertigem Bildmaterial und knappem, hochinformativem Text. Selbst viel beschäftigte Akteure aus Politik und Wirtschaft sollten sich schwer tun, dieses Buch zur Seite zu legen ohne darin zu blättern, über die Wunderwelten in der ewigen Finsternis zu staunen und die Botschaft zu hören, dass der Schutz von Karstlandschaften ein Gebot der Stunde ist.
Der zweite Grund hat mit dem schon genannten *International Year of Caves and Karst* (IYCK) zu tun. Ausgerufen Anfang 2021 und pandemiebedingt auf 2022 ausgedehnt, ist dies eine historische Chance, die breitere Öffentlichkeit auf das Thema Karst aufmerksam zu machen und entsprechend zu sensibilisieren. In Deutschland, Österreich und der Schweiz haben sich deshalb die Dachverbände der höhlenforschenden Vereine anlässlich des IYCK für dieses Buch zusammengetan.
Die Erforschung, Vermessung und Dokumentation von Höhlensystemen, die Verfolgung von unterirdischen Wasserläufen, die Beobachtung von Lebewesen im Untergrund und die Weitergabe dieses Wissens ist eines der besten Beispiele von ehrenamtlicher Grundlagenforschung. Ohne die Arbeiten von vielen Höhlenforscherinnen und Höhlenforschern allein in unseren drei Ländern wären weiterführende wissenschaftliche Untersuchungen kaum durchführbar. Das Wissen um das *weiße Gold*, das Karstwasser, verdankt die Allgemeinheit zu einem wesentlichen Teil der jahrzehntelangen Forschung durch zahlreiche Laien. Denn viele Städte beziehen ihre qualitativ hochwertigen Wasserressourcen aus Karst-Grundwasserkörpern. Gerade im dicht besiedelten Mitteleuropa gewinnt die Frage des Schutzes dieser Wasservorkommen im Untergrund eine immer größere Bedeutung. Deshalb lautet das Motto des IYCK *Erforschen, Verstehen, Schützen*.
Möge das vorliegende Buch der geschätzten Leserschaft die Augen öffnen für eine Welt unter unseren Füßen, die nicht nur atemberaubend schön und Lebensraum vieler Organismen ist, sondern auch verletzlich und in hohem Maße unseren Schutz benötigt.

Bärbel Vogel
Verband der deutschen Höhlen- und Karstforscher e.V.

Christoph Spötl
Verband Österreichischer Höhlenforscher

Marie-José Gilbert
Schweizerische Gesellschaft für Höhlenforschung

Pont d'Arc, France; T. Hess

KARST

Der Fluss Zalomka in der Nevesinjsko Polje, Bosnien-Herzegovina; J. Mulaomerović

Unter Karst wird eine Landschaft mit besonderen Oberflächenformen sowie speziellen hydrologischen und unterirdischen Phänomenen und den damit verbundenen Werten verstanden, die 20 % der Landoberfläche umfasst. Drei Voraussetzungen müssen für das Entstehen einer Karstlandschaft vorliegen: Lösliches Gestein, das Vorkommen von Wasser und die Entwicklung einer unterirdischen Entwässerung.

Der Begriff "Karst" geht zurück auf die geographische Region Kras (auf Deutsch „Karst"), eine verkarstete, aus Kalkstein aufgebaute Landschaft im Nordosten des Golfs von Triest in Slowenien und Italien. Dieser Begriff wurde schließlich auf alle Regionen mit ähnlichen Eigenschaften übertragen. Mit Kras wird in der slowenischen Sprache eine trockene Landschaft mit felsiger Oberfläche bezeichnet, wie sie typisch für den nordwestlichen Dinarischen Karst in Slowenien und Kroatien ist.

1.2. DER BEGRIFF "KARST"

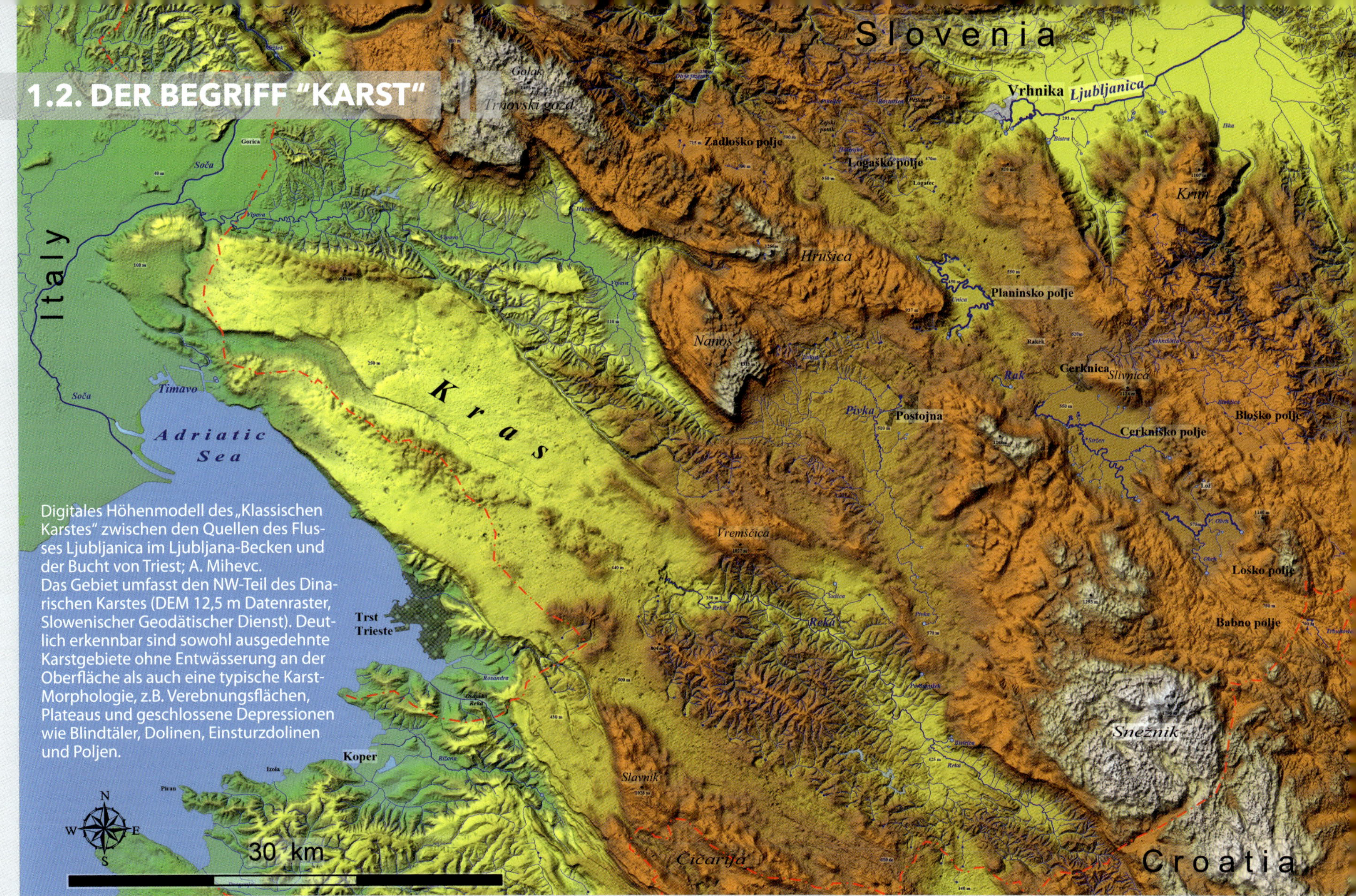

Digitales Höhenmodell des „Klassischen Karstes" zwischen den Quellen des Flusses Ljubljanica im Ljubljana-Becken und der Bucht von Triest; A. Mihevc.
Das Gebiet umfasst den NW-Teil des Dinarischen Karstes (DEM 12,5 m Datenraster, Slowenischer Geodätischer Dienst). Deutlich erkennbar sind sowohl ausgedehnte Karstgebiete ohne Entwässerung an der Oberfläche als auch eine typische Karst-Morphologie, z.B. Verebnungsflächen, Plateaus und geschlossene Depressionen wie Blindtäler, Dolinen, Einsturzdolinen und Poljen.

Der "Klassische Karst", wie wir ihn heute kennen, ist die Karstlandschaft, deren bemerkenswerte höhlenkundliche, hydrologische und morphologische Phänomene seit dem 17. Jahrhundert beschrieben wurden. Diese Region trug im 19. Jahrhundert zur Entwicklung der Karstkunde, Höhlenkunde (Speläologie) und Biospeläologie als wissenschaftliche Disziplinen bei. Aufgrund der außergewöhnlichen Anstrengungen der frühen Forscher, die die typischen Landschaftsformen untersuchten, fanden Begriffe wie Kras (Karst), Doline, Polje oder Uvala als neue wissenschaftliche Fachbegriffe Eingang in den akademischen Wortschatz. Bahnbrechend waren dabei die Veröffentlichungen von A. Kircher 1665, J.V. Valvasor 1689, J.A. Nagel 1748, F.A. Steinberg 1758, T. Gruber 1781, A. Schmidl 1854, J. Cvijić 1893, F. Kraus 1894, E.A. Martel 1894, A. Grund 1903 und vielen anderen.

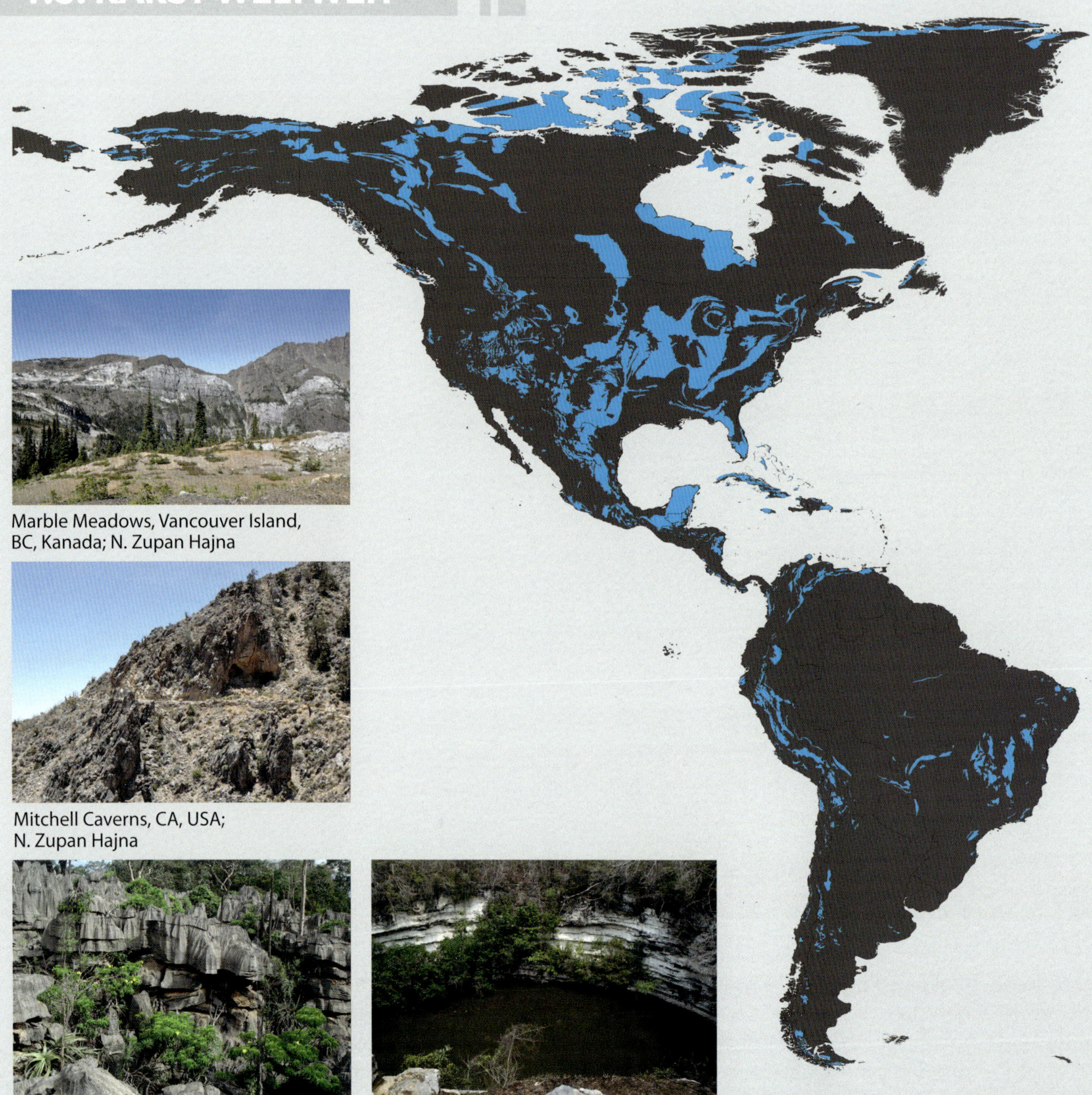

Wassergefüllte Einbruchs-Schwinden, Nahanni NP, NWT, Kanada; D. Ford

Marble Meadows, Vancouver Island, BC, Kanada; N. Zupan Hajna

Cueva Ventana, Puerto Rico; G. Veni

Mitchell Caverns, CA, USA; N. Zupan Hajna

Peruaçu-Karrenlandschaft, MG, Brasilien; J. A. Labegalini

Cenote, Mexiko; Z. Motyčka

Cueva Guacharo, Venezuela; M. Audy

Dabarsko Polje, Bosnien-Herzegovina;
N. Zupan Hajna

Sinyaya Pillars, Sibirien,
Russische Föderation; A. Osintsev

Turmkarst von Guilin, China; R. Straub

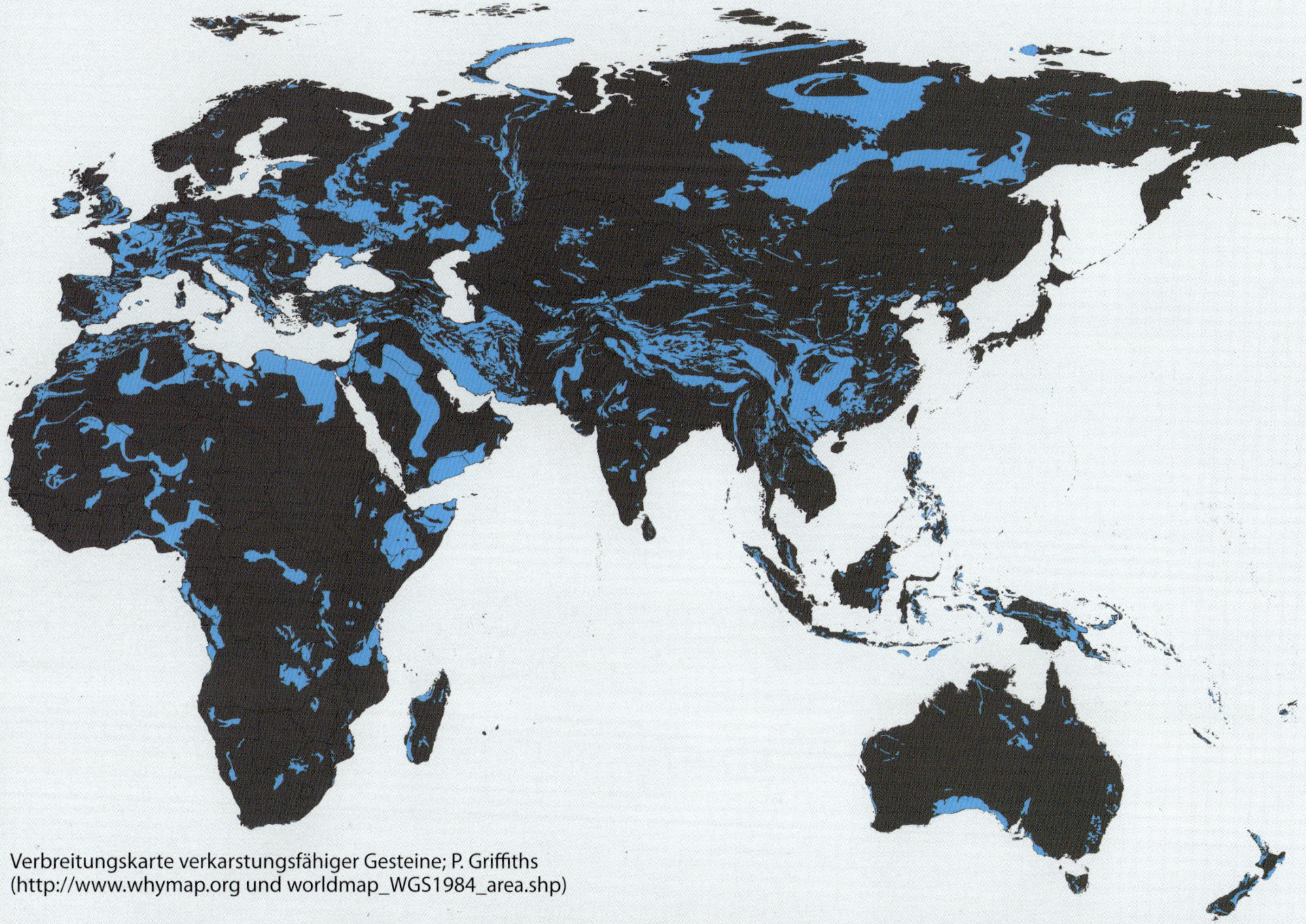

Verbreitungskarte verkarstungsfähiger Gesteine; P. Griffiths
(http://www.whymap.org und worldmap_WGS1984_area.shp)

Travertindamm am Blyde River,
Südafrika; J.N. Salomon

Tal des Flusses Geikie, WA, Australien;
N. Zupan Hajna

Geikie Gorge, WA, Australia; N. Zupan Hajna

Coonoor, Neuseeland; P. Williams

1.4. KARST ALS 3D-LANDSCHAFT

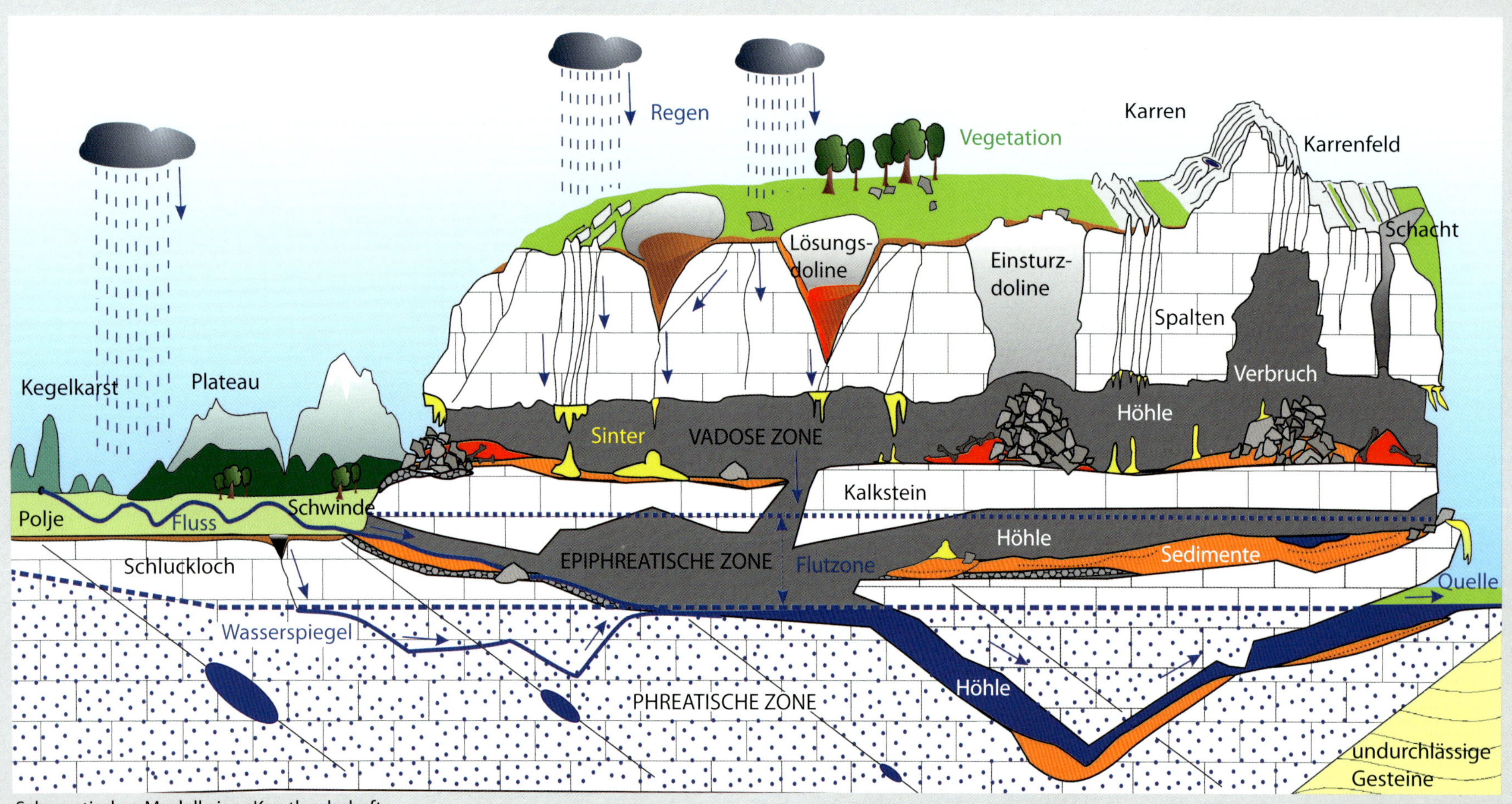

Schematisches Modell einer Karstlandschaft; N. Zupan Hajna

Karst ist eine Naturlandschaft, die sich in löslichen Gesteinen wie z.B. Karbonatgesteinen bildet. Karst hat ein unverwechselbares Relief, und ausgedehnte Höhlensysteme mit unterirdischen Flüssen sind typische Erscheinungsformen. Karst ist eine dreidimensionale Landschaft, deren Oberfläche mit dem Untergrund eng verbunden ist. Beide beeinflussen sich gegenseitig. Durch diese Verbindung und durch die chemischen Prozesse in den ober- und unterirdischen Wasserwegen ist eine tiefreichende Verkarstung des Gesteins möglich.

Karstgebiet mit einer Höhle und einer Einsturzdoline bei Hochwasser, Škocjanske Jame Park, UNESCO-Welterbegebiet, Slowenien; J. Hajna

Verschiedenartige Kalkgebiete auf der Insel Pag, Kroatien; N. Zupan Hajna

VERKARSTUNGS-FÄHIGE GESTEINE

2.1. TYPEN VERKARSTUNGSFÄHIGER GESTEINE

Karst entsteht durch die Auflösung bestimmter Gesteine über einen Zeitraum von Tausenden von Jahren. Das Vorkommen von Karstformen beschränkt sich dabei auf Regionen, in denen verhältnismäßig leicht lösliche Gesteine dominieren wie Karbonatgesteine, z.B. Kalkstein, Dolomit, Kreide, karbonatreiche Konglomerate und Brekzien, Marmor und Karbonatite, oder Evaporite, z.B. Gips, Anhydrit oder Steinsalz (Halit).

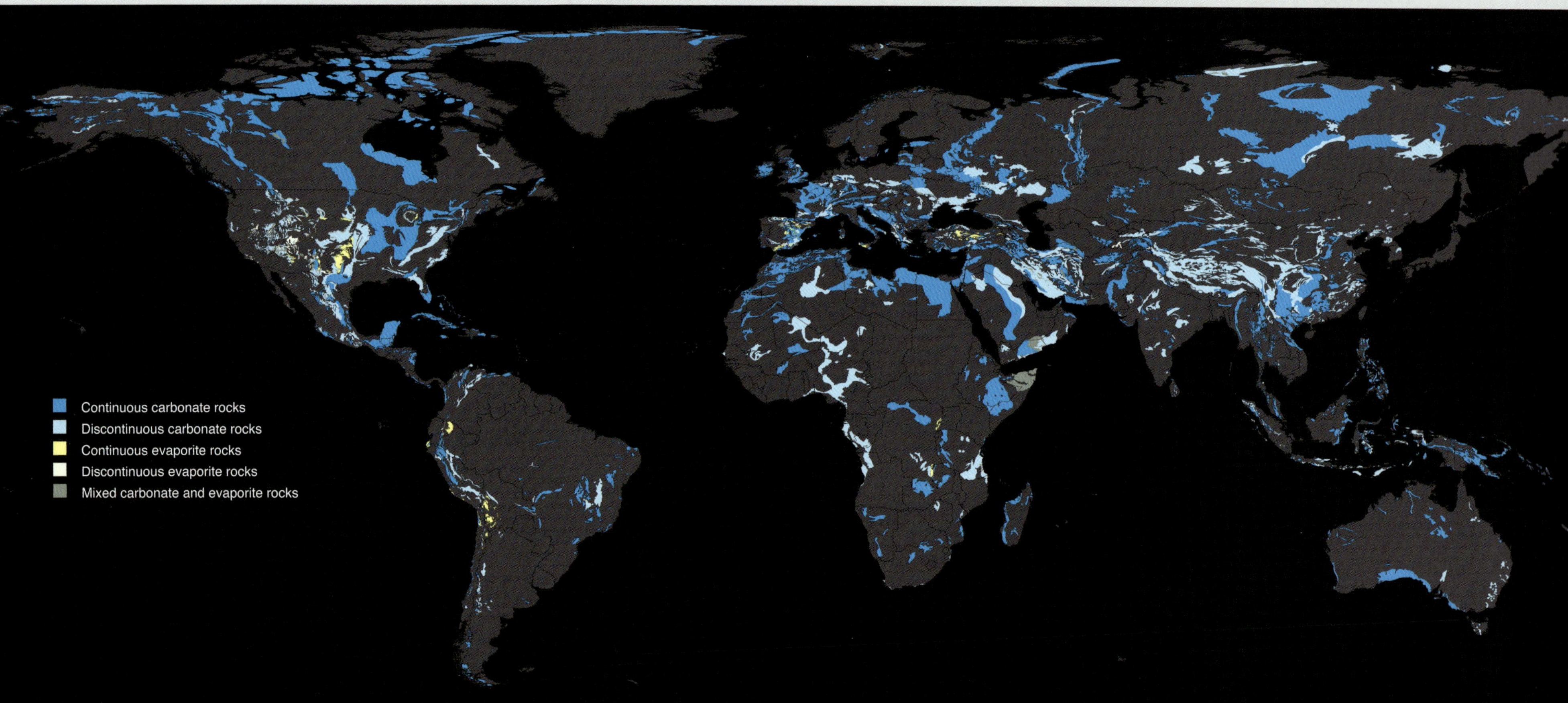

Weltkarte der verkarstungsfähigen Gesteine; P. Griffiths (nach http://www.whymap.org und worldmap_WGS1984_area.shp> shapefile)

Kalk-Konglomerat; N. Zupan Hajna

Gipsschichten; N. Zupan Hajna

Kalk mit Fossilien (Crinoiden); N. Zupan Hajna

Dolomit; N. Zupan Hajna

2.2. KARBONATGESTEINE

Kalk mit Fossilien (Foraminiferen), Slowenien; N. Zupan Hajna

"Klassisch" ist der Karst, der in Karbonatgesteinen (z.B. Kalk, Dolomit, Marmor) ausgebildet ist. Karbonatgesteine bilden 20 % der Landoberfläche der Erde. Die häufigsten sedimentär entstandenen Karbonatgesteine sind Kalkstein und Dolomit, die sich in ihrem Anteil an den Mineralen Calcit ($CaCO_3$) und Dolomit ($CaMg(CO_3)_2$), Nebenbestandteilen (z.B. Quarz und Feuerstein), ihren mechanischen und chemischen Eigenschaften und ihrer Entstehungsweise unterscheiden. Seltener kommen Kreide und klastische Karbonatgesteine (z.B. Konglomerat, Sandstein), Marmor und Karbonatite vor.

Marmor, NSW, Australien; N. Zupan Hajna

Kreideschichten mit Feuersteineinlagerungen, Frankreich; N. Zupan Hajna

Kalk mit Muschelschalen, Kroatien; N. Zupan Hajna

2.2.1. ENTSTEHUNG VON KALK

Great Barrier Reef, Queensland, Australien; N. Zupan Hajna

Kalk besteht hauptsächlich aus karbonathaltigem Sediment und den Überresten von Organismen. Er wurde überwiegend im flachen Meereswasser oder in Riffen in einem tropisch-warmen Klima gebildet. Auch heute bildet sich Kalk in flachen Meeresbereichen und in Form von Korallenriffen, z.B. auf den Bahamas, im Persischen Golf und vor der Küste Australiens.

Die Verkarstung der Karbonatgesteine beginnt unmittelbar, nachdem das Gestein durch Hebung an die Oberfläche gelangt und der Verwitterung ausgesetzt wird.

Great Barrier Reef, Queensland, Australien; N. Zupan Hajna

Stromatolithen, Westaustralien; N. Zupan Hajna

Muschelschalen, Westaustralien; N. Zupan Hajna

2.3. EVAPORITE

Evaporite sind Sedimentgesteine, die hauptsächlich aus Sulfaten oder Chloriden bestehen und durch chemische Ausfällung in Wässern mit hohem Salzgehalt entstehen. Am weitesten verbreitet sind Gips ($CaSO_4$ x 2 H_2O), Anhydrit ($CaSO_4$) und Steinsalz (Halit, NaCl). Die für eine Mineralausfällung erforderliche Konzentration wird durch Verdunstung erreicht, daher werden die Gesteine mit dem Sammelbegriff „Evaporite" bezeichnet. Evaporite sind weniger weit verbreitet als Karbonatgesteine; dennoch kommt Gips weltweit vor.

Evaporite sind sehr leicht löslich, wenn sie mit ungesättigtem Wasser in Kontakt kommen. Die Löslichkeit von Gips ist um den Faktor drei größer als die von Kalk, die von Steinsalz etwa 140 mal höher als die von Gips.

Farbige Salzschichten, Salzdom von Kuh-e-Namak (Dashti), Iran; M. Audy

Farbiges Steinsalz mit durch Regenwasser geformten Karren, Iran; M. Audy

Steinsalz mit durch Regenwasser geformten Karren, Iran; N. Zupan Hajna

Gips mit durch Regenwasser geformten Karren; USA; G. Veni

2.4. GEOLOGIE

Kalkgesteine in der Verdon-Schlucht, Frankreich; N. Zupan Hajna

Die Eigenschaften des Muttergesteins, sein mineralischer Aufbau (z.B. Calcit, Dolomit, Gips, Halit etc.), seine sedimentäre Textur, seine Struktur usw. sind entscheidende Faktoren für seine Verkarstung. Geologische Strukturen wie Schichtflächen, Klüfte oder Verwerfungen spielen ebenfalls eine wichtige Rolle bei der Bildung von Karstlandschaften.

Verwerfungen in geschichtetem Kalk, Julische Alpen, Slowenien; J. Hajna

Klüfte und Schichtgrenzen in einem Kalksteinbruch, Slowenien; N. Zupan Hajna

Dünnbankiger Kalk, Sinyaya Pillars, Russische Föderation; A. Osintsev

Fluss-Schwinde der Tkalca Jama, Slowenien; T. Hess

KARSTWASSER

3.1. KARSTWASSER

Oberflächenwasser fließt in eine Höhle, Zarečki Krov, Kroatien; P. Hofmann

Die meisten Karstgebiete haben keine Entwässerung an der Oberfläche. Meist fließt das Karstwasser im Untergrund. Niederschlag verschwindet sofort durch offene Klüfte und Risse. Sogar ganze Flüsse versinken in Ponoren (Schwinden) und fließen in der Tiefe durch teilweise begeh- oder betauchbare Höhlengänge, aber auch durch unzugängliche Röhren und Fugen.

Die Schwinde des Flusses Zalomka bei Biograd, Bosnien-Herzegovina; U. Stepišnik

Wassererfüllter Höhlengang, K'oox Baal-Höhlensystem, Mexiko; R. Husak

Karstquelle, Slowenien; T. Hess

3.2. KARSTWASSERKÖRPER

Karstwasserkörper kommen in Gebieten vor, die aus verkarsteten Karbonatgesteinen bestehen. Ein solcher Aquifer (Grundwasserkörper) kann enorme Mengen von Wasser in den Hohlräumen (Poren, Klüften und Röhren) des Gesteins speichern und weiterleiten. Das Wasser fließt in einem Karstwasserkörper in verschiedene Richtungen mit unterschiedlichen Geschwindigkeiten. Das Einzugsgebiet eines Karstwasserkörpers umfasst die gesamte Landoberfläche eines Karstgebietes und auch angrenzende Regionen aus Nicht-Karbonatgesteinen.

Im oberen Teil eines Karstwasserkörpers (der so genannten ungesättigten oder vadosen Zone) trifft man fließendes Wasser nur zeitweise an, und die vertikale Entwässerung dominiert. Im unteren Teil eines Karstwasserkörpers (der gesättigten oder phreatischen Zone) sind alle Hohlräume wassergefüllt und es herrscht eine überwiegend horizontale Fließbewegung. Der Karstwasserspiegel stellt die Trennlinie beider Zonen dar, die ansteigen oder absinken kann, je nach Menge des nachfließenden Wassers. Diese Fluktuationszone nennt man die Flutwasserzone oder epiphreatische Zone.

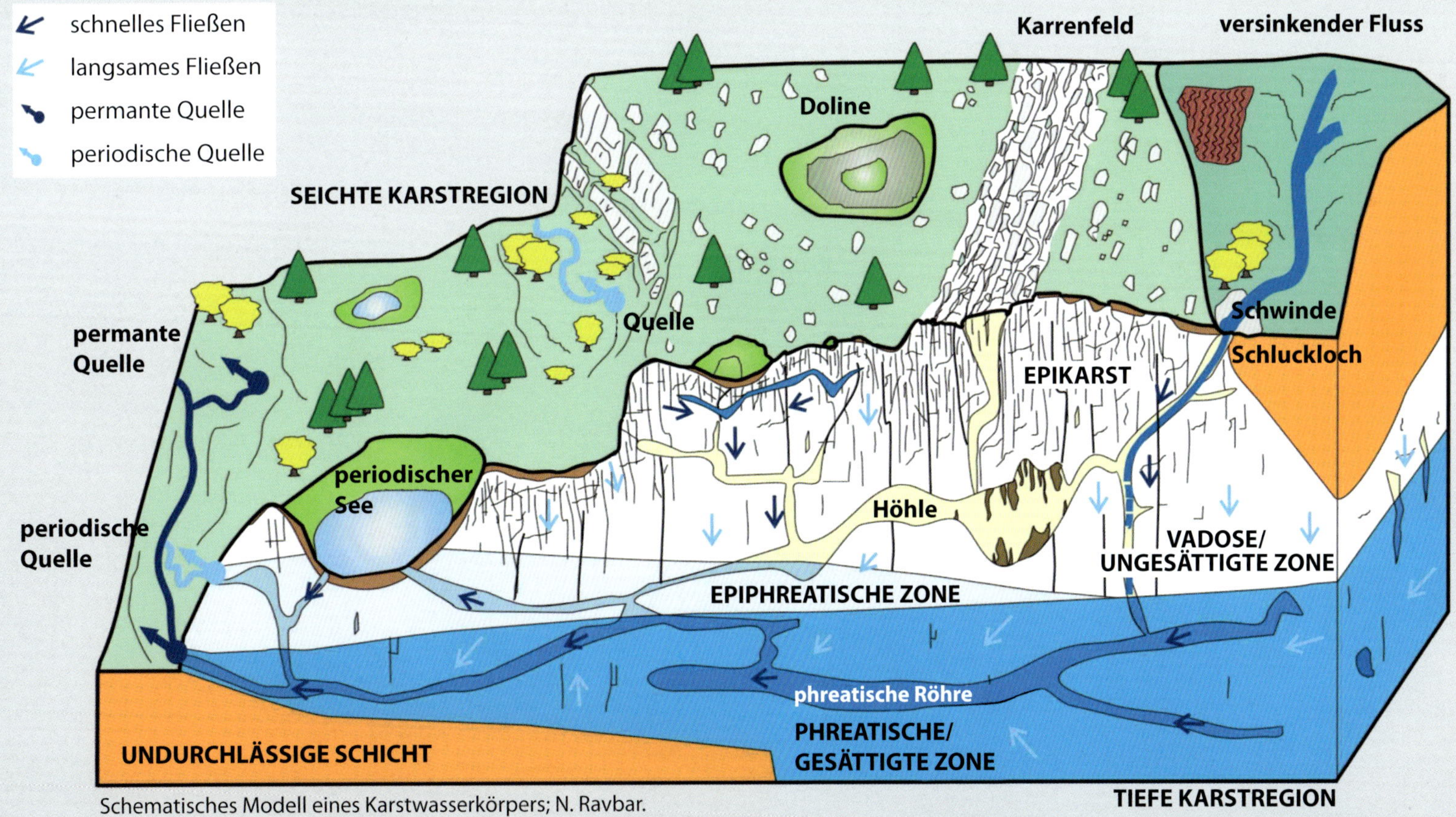

Schematisches Modell eines Karstwasserkörpers; N. Ravbar.

3.3. OBERFLÄCHENWASSER IM KARST

Der Fluss an der Basis des Skadar-Sees, Rijeka Crnojevića, Montenegro; N. Zupan Hajna

Normalerweise fließt Wasser im Karst unterirdisch. Es gibt jedoch Ausnahmen, z.B. Poljen und Flusscanyons, in denen Wasser an der Oberfläche sichtbar ist, am oder knapp oberhalb des Karstwasserspiegels. Dort, wo der Karstwasserspiegel infolge von Veränderungen des Druckgefälles absinkt, beginnen sich oberirdisch fließende Flüsse in Form eines Canyons in das Gestein einzuschneiden.

Der Cetina-Canyon in Kroatien hat sich in eine Karstebene eingeschnitten; U. Stepišnik

3.3.1. HOCHWASSEREREIGNISSE

Planinsko Polje bei Trockenheit, Slowenien; J. Hajna

Stark schwankendes Grundwasser kann in Karstsenken (z.B. Dolinen, Poljen, Blindtälern) beobachtet werden. Bei Trockenheit liegt der Karstwasserspiegel deutlich unter der Oberfläche der Karstpoljen. In der Regenzeit füllt sich der Karstwasserkörper zunächst auf, kann schließlich an die Oberfläche gelangen und Karstpoljen oder Dolinen überfluten und so einen temporären See an der Oberfläche bilden. Wenn der Karstwasserspiegel wieder sinkt, fallen diese Karsterscheinungen wieder trocken.

Planinsko Polje bei Hochwasser, Slowenien; J. Hajna

3.3.2. SCHWINDEN (PONORE)

Grutas do Terra Ronca, GO, Brasilien; G. Veni

Gefasster Ponor, Planinsko Polje, Slowenien; A. Mihevc

Ponor, Cerkniško Polje, Slowenien; N. Zupan Hajna

Als Ponor wird eine größere Öffnung (Schacht, Höhle, Schwinde, Schluckloch) bezeichnet, durch die Oberflächenwasser in den verkarsteten Untergrund eintritt. Sehr große Wassermengen können durch vertikale oder horizontale Ponore in einen Karstwasserkörper eintreten.

Estavellen sind Öffnungen, die auf der Höhe des Karstwasserspiegels liegen. Wenn der Wasserspiegel hoch liegt, bilden sie Karstquellen. Ist der Wasserspiegel dagegen niedrig, fungieren Estavellen als Ponor (Schluckloch).

Schluckloch, Cerkniško Polje, Slowenien; N. Zupan Hajna

Flussschwinde, Sloup, Tschechien; M. Audy

3.3.3. KARSTQUELLEN

Cetina-Quelle, Kroatien; U. Stepišnik

Karstquellen sind die natürlichen Austrittsstellen des Karstwasserkörpers an der Oberfläche. Sie können permanent oder periodisch (intermittierend) sein. Karstquellen werden in verschiedene Typen unterteilt, je nach ihrer Lage im Gelände oder den lokalen geologischen Gegebenheiten – z.B. am Kontakt von Karst- und Nicht-Karstgestein, am tiefsten Punkt eines Karstwasserkörpers, aus Höhlen kommend, aus großen Tiefen aufsteigend oder am Meeresgrund austretend.

Typisch für Karstquellen sind sehr starke Schwankungen in ihrer Schüttung zwischen Hochwasser und Niedrigwasser, da sie sehr schnell auf Niederschläge reagieren. Karstquellen sind weit verbreitet. Die Einzugsgebiete von Karstquellen können sehr groß sein.

Krupa-Quelle, Kroatien; N. Zupan Hajna

Kotliči-Quelle, Slowenien; J. Hajna

Boka, Karstquelle mit Wasserfall, Slowenien; U. Stepišnik

Buna-Quelle, Bosnien-Herzegovina; N. Zupan Hajna

Marmor-Steinbruch nahe der Wombeyan Caves, NSW, Australien;
N. Zupan Hajna

KARSTPROZESSE

4.1. GESTEINSLÖSUNG (KORROSION)

Die Auflösung (Korrosion) von löslichen Gesteinen ist der mit Abstand wichtigste Karstprozess. Es gibt zwei Formen der Gesteinslösung, die für die Entstehung von Karstgebieten Bedeutung haben.

"Klassischer" Karst in Karbonatgesteinen entsteht durch Lösung von Calcit (dem wesentlichen Mineral in Kalkgestein) oder Dolomit, die hauptsächlich durch Kohlensäure angegriffen werden. Kohlensäure entsteht, wenn sich Kohlendioxid (CO_2) aus der (Boden-)Atmosphäre in Wasser löst. Die Lösungsrate von Kalk ist daher abhängig von der Menge an Wasser und der Konzentration von CO_2.

Gips, Anhydrit und Salz sind leicht lösliche Substanzen, die allein bei Kontakt mit Wasser gelöst werden.

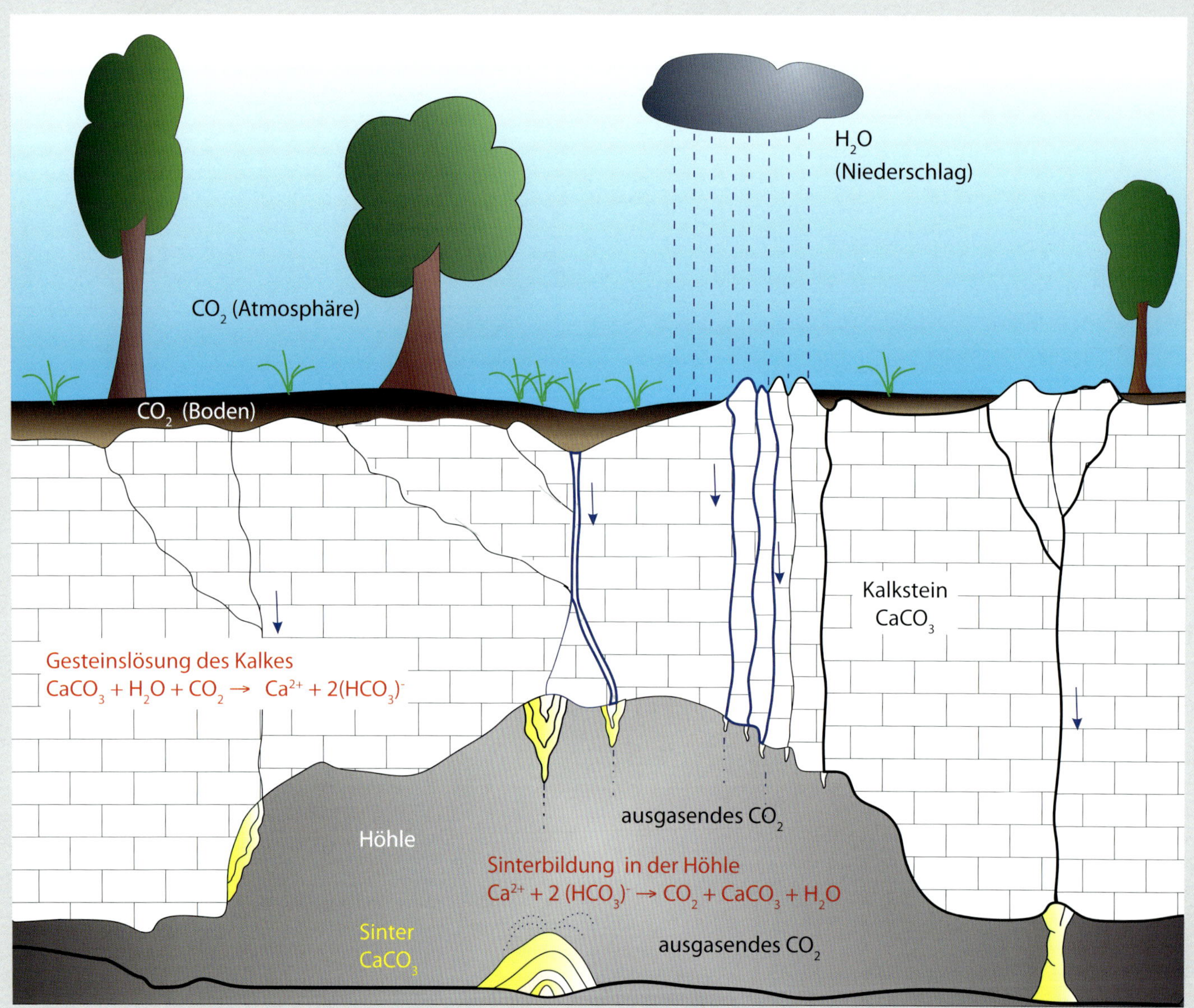

Schematisches Modell der Kalklösung; N. Zupan Hajna

4.2. KARST UND KLIMA

Tropischer Karst, Java, Indonesien; N. Zupan Hajna

Das Vorhandensein von Wasser ist der wichtigste klimatische Faktor für die Verkarstung. Allerdings gibt es viele verschiedene klimatische Einflüsse auf Karstlandschaften, wie z.B. Längen- und Breitengrad, Höhenlage, Niederschlagsmenge, Temperatur, die Art der Vegetation und Menge des Boden-CO_2.

Karst kommt überall dort vor, wo es reichlich Wasser gibt. Wüstenklima und Permafrost behindern die Verkarstung, da solche Klimaverhältnisse kein Wasser in flüssiger Form zulassen, was die Karbonatlösung einschränkt, so dass andere landschaftsformende Prozesse dominieren. In einem dauerhaft oder saisonal feuchtwarmen tropischen Klima gehen Lösungsprozesse sehr viel schneller und intensiver vonstatten.

Wüstenkarst, Ras al Khaimah, Vereinigte Arabische Emirate; N. Zupan Hajna

4.3. LÖSUNGSINTENSITÄT

Wenn Niederschlag auf eine Karstoberfläche trifft, wird diese allmählich durch Lösung abgetragen. Dieser Prozess wird Karstdenudation (Karstabtragung) genannt. Die Lösungsintensität hängt dabei vom Klima und der chemischen Zusammensetzung des Karstgesteins ab. Je mehr Wasser verfügbar ist, desto größer ist die Lösungsrate des Gesteins. Die höchsten Niederschlagsmengen werden in den Tropen erreicht (ca. 2.500 mm/ Jahr). Wassermangel dagegen führt zu nur geringer oder keiner Gesteinslösung (in Wüsten und in der Arktis fallen weniger als 7 mm Niederschlag pro Jahr).

Die Denudationsrate hängt ab vom Klima (Regenmenge, Temperatur, Verdunstung) und dem CO_2-Partialdruck (erzeugt durch die Vegetation und die Art des Bodens). Messdaten (in gemäßigtem Klima) ergaben eine Denudationsrate zwischen 20 - 60 Metern pro Million Jahren.

Selektive Lösung an unterschiedlichen Kalken, Slowenien; N. Zupan Hajna

Denudationsmessung an einem Kalkblock; A. Mihevc

Starkregen, Yucatan, Mexiko; RSA

4.4. KALKBILDUNGEN AN DER ERDOBERFLÄCHE

Kalktuffablagerungen, Nationalpark Plitvicer Seen, UNESCO-Welterbegebiet, Kroatien; U. Stepišnik

Travertin (auch als Kalktuff bekannt) ist eine oberirdische mikrobielle Karbonat-Ablagerung. Travertin besteht zumeist aus kalkverkrusteten Bakterien und Cyanobakterien sowie Pflanzenresten. Es handelt sich um Calciumkarbonatablagerungen, die sich an Mineralquellen, häufig an heißen Quellen, bilden.

Kalktuffablagerungen an den Podstenjšek-Quellen, Slowenien; M. Blatnik

Kalktuffablagerungen, Nationalpark Krka, Kroatien; N. Zupan Hajna

Travertinablagerung an heißen Quellen, Pamukkale, UNESCO-Welterbegebiet, Türkei; M. Widmer

Kalktuffablagerung, Plitvicer Seen, Kroatien; N. Zupan Hajna

4.5. KARSTERSCHEINUNGEN IN ANDEREN GESTEINEN

Surtshellir-Lavaröhre, Island; R. Bouda

Karsterscheinungen in nicht oder schlecht löslichen Gesteinen werden traditionell als Pseudokarst bezeichnet. Karren, Dolinen, Höhlen, unterirdische Flüsse und Tropfsteine können in Quarzsandstein, Quarzit, Granit, Lava und Eis vorkommen, werden aber nicht durch die gleichen Prozesse wie im klassischen Karst gebildet. Die Lösung erfolgt in diesen Gesteinen durch organische Säuren, Mikroorganismen oder andere chemische Vorgänge. Diese Lösungsvorgänge gehen normalerweise sehr langsam vonstatten, und die resultierenden Pseudokarstformen entstehen über lange Zeiträume. Lavaröhren werden nicht durch Lösung gebildet, sondern durch Abkühlung eines Lavastromes und Ausfließen der Lava aus einem Lavatunnel.

Stefanshellir-Lavaröhre, Island; M. Audy

Wassergefüllte Lösungsform (Kamenitza) in Granit mit Grünalgen, TX, USA; N. Zupan Hajna

Eingang einer Gletscherhöhle, OR, USA; B. McGregor

Höhle in Quarzsandstein, Muchimuk-Höhle, Venezuela; M. Audy

Verschiedene Karstformen, Velebit, Kroatien; J. Hajna

KARSTOBERFLÄCHE

5.1. OBERFLÄCHENFORMEN IM KARST

Karstphänomene an der Erdoberfläche werden durch Gesteinslösung mittels Regenwasser (z.B. Karren, Dolinen) sowie durch aufsteigendes Karstgrundwasser (z.B. der Boden von Poljen und Verebnungsflächen) oder durch Verkarstung im Untergrund (z.B. Einsturzdolinen, Einsturz von Höhlenräumen, die mit der Zeit Teil der Erdoberfläche werden) gebildet.

Karstplateau, Garibaldi Ridge, Neuseeland; N. Silverwood

Karren, Dominikanische Republik; R. Flament

Polygonale Dolinen, Biokovo, Kroatien; N. Zupan Hajna

Polje mit Kegelkarst, Guangxi, China; J.F. Fabriol

5.2. BEISPIEL EINER KARSTLANDSCHFT

Das digitale Höhenmodell von Südwest-Slowenien verdeutlicht exemplarisch ein typisches Karstrelief. Ein Fluss fließt über einen flachen Poljeboden und versinkt am Rand in Ponoren in den Untergrund. Auf einer höherliegenden Verebnungsfläche sind zahllose Lösungsdolinen und größere Einsturzdolinen erkennbar.

600 m
580 m
560 m
540 m
520 m
500 m
480 m
460 m
440 m

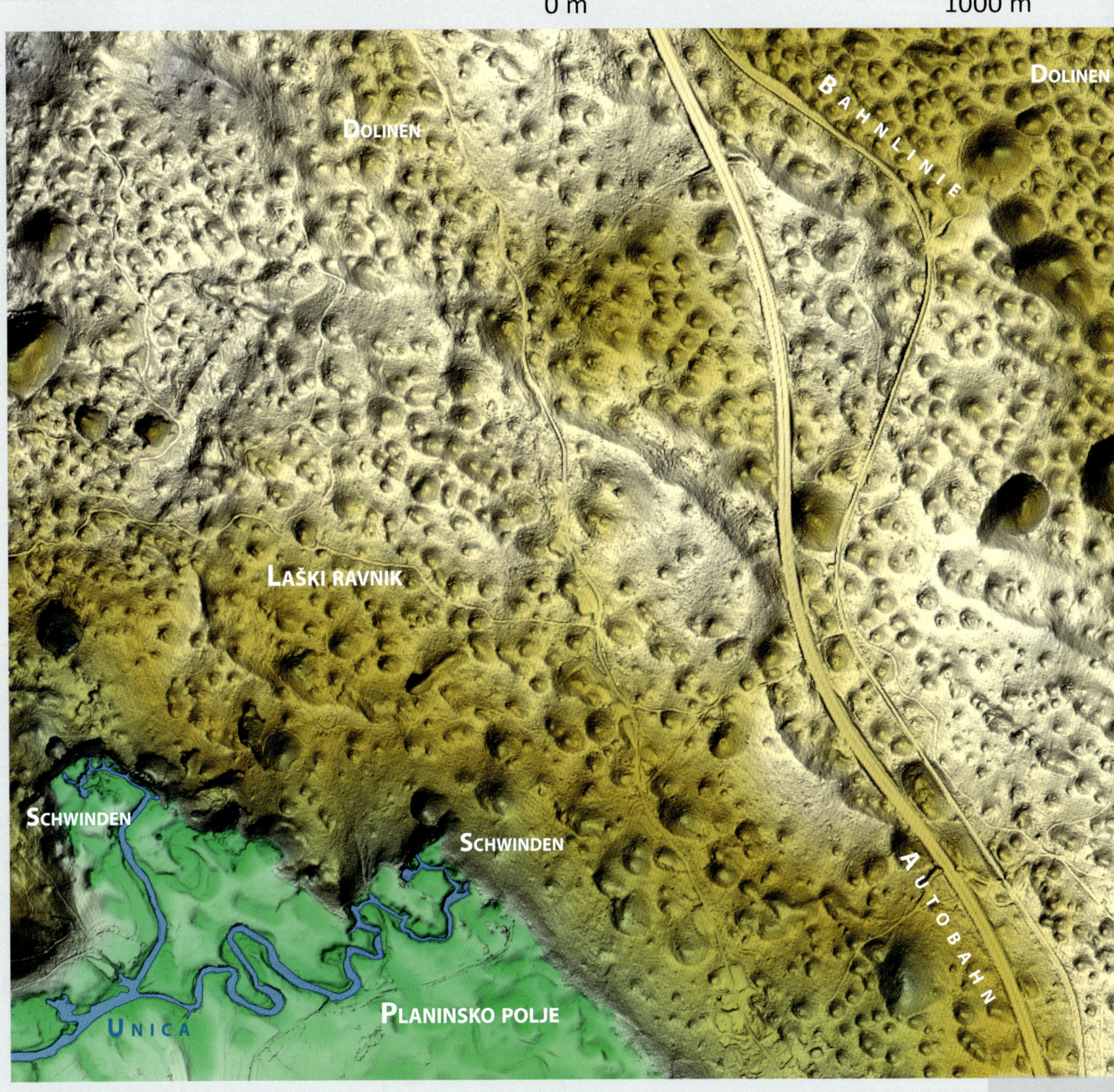

Digitales Höhenmodell des Randes der Planinsko Polje, SW-Slowenien (RS Slovenia Lidar data, Geodetski oddelek ARSO); A. Mihevc.

5.3. KARSTLANDSCHAFTEN

Felsige Karstlandschaft im Kalkgestein, Insel Pag, Kroatien; N. Zupan Hajna

Karstlandschaft im Gips, Priangarje, Sibirien, Russische Föderation; A. Filippov

Karstlandschaft im Dolomit, Slowenien; N. Zupan Hajna

Landschaften im Karst können mannigfaltige Formen aufweisen, je nach den Eigenschaften des Gesteins und des jeweiligen Klimas. Viele Karstgebiete weisen nur wenig Bodenbedeckung auf, so dass häufig der blanke Fels zu Tage tritt und keine Wasserläufe an der Oberfläche existieren.

Karstlandschaft im Salz, Insel Qeshm, Iran; M. Audy

Karstlandschaft im Kalkgestein, Insel Coron, Philippinen; N. Zupan Hajna

5.4. KARREN

Verschiedene Formen von Karren, Velebit, Kroatien; J. Hajna

Die am weitesten verbreitete Oberflächen-Karstform sind kleine Lösungslöcher, Rinnen und Rillen, die unter dem Begriff „Karren“ zusammengefasst werden. Sie werden bei direktem Kontakt des lösungsfähigen Gesteins mit Regenwasser unmittelbar an der Oberfläche oder unter der Bodendecke gebildet.

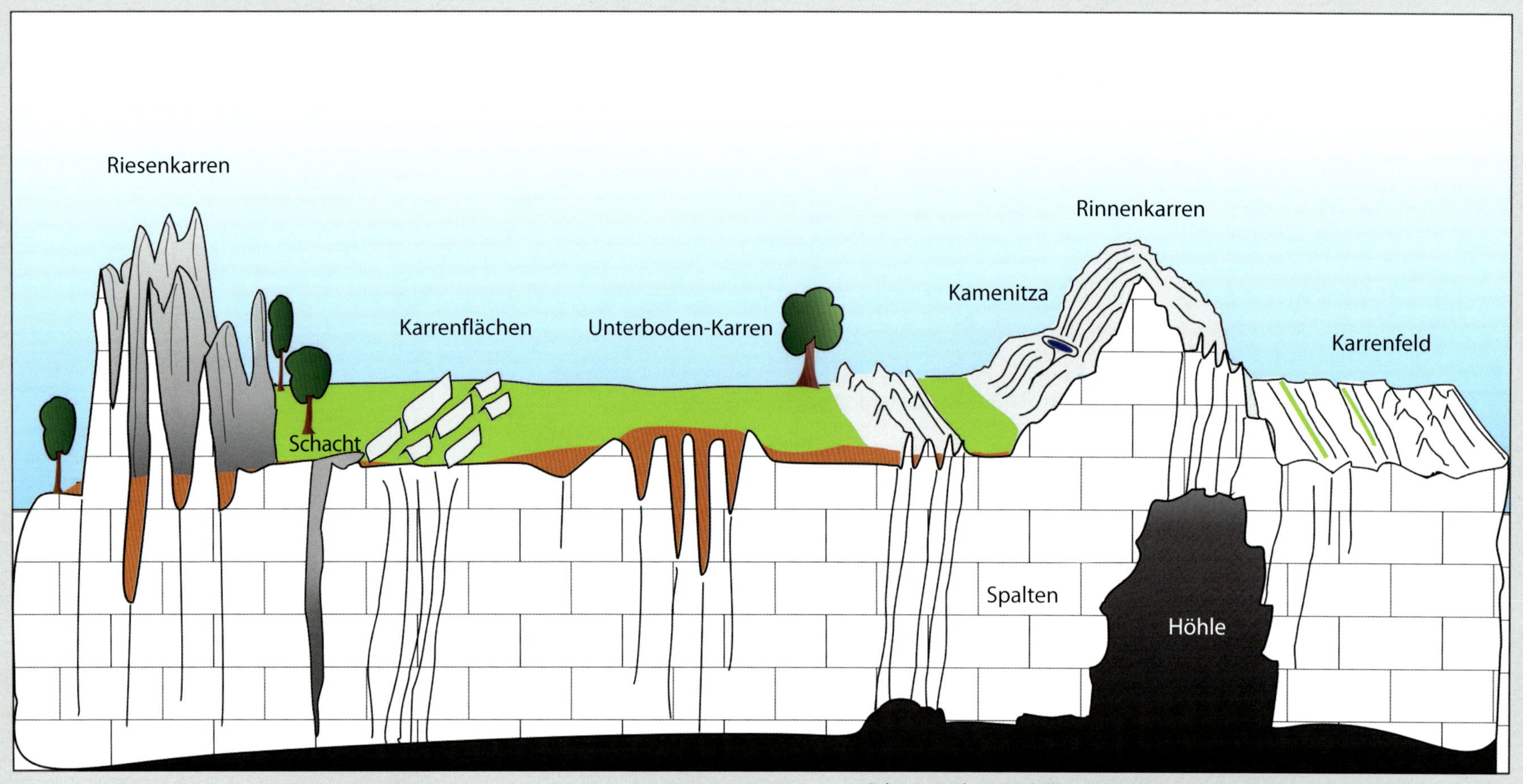

Schematisches Modell verschiedener Formen von Karren; N. Zupan Hajna

Karren haben scharfe Kanten, die durch Gesteinslösung entstehen, wenn Regenwasser in direkten Kontakt mit blankem löslichem Fels kommt. Entsprechend ihrer Form und Entstehungsweise werden Karren eingeteilt in: a) lineare Formen, die durch feine Klüfte oder durch ihre Hydrodynamik beeinflusst sind; b) flach-runde Formen; und c) vieleckige felsige Formen. Die am weitesten verbreitete Form sind Kluftkarren und Rillenkarren. Kluftkarren können von wenigen Zentimetern bis zu einigen Dezimetern tief sein, in Ausnahmefällen auch bis zu mehreren Metern, ohne dass man Spuren von fließendem Wasser erkennen kann. „Clints" haben eine flache Oberfläche, treten als größere Blöcke auf und sind von Kluftkarren umgeben.

5.4.2. RINNENKARREN

Durch Regenwasser geformte Rinnenkarren, Velebit, Kroatien; J. Hajna

Unter Bodenbedeckung gebildete Karren, Yorkshire Dales, UK; A. Hajna

Durch Regenwasser geformte Karren, Chillagoe, Qld, Australien, N. Zupan Hajna

Durch Regenwasser geformte Karren im Salz, Iran; N. Zupan Hajna

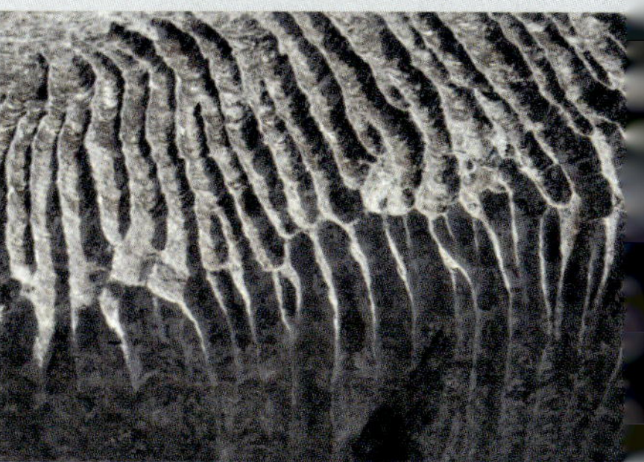

Durch Regenwasser geformte Karren auf einem Block; N. Zupan Hajna

Rinnenkarren werden durch verschiedenartige Vorgänge gebildet und bestehen aus parallel verlaufenden linearen Furchen mit rundlichem Querschnitt, die entlang geneigter Felsflächen verlaufen. Sie sind durch scharfkantige Erhebungen getrennt. Lösungsrillen sind größere lineare Formen, die durch Vereinigung kleinerer Formen entstehen. Größere Formen, deren Kanten abgerundet sind, wurden unter einer Sediment- oder Bodenbedeckung gebildet.

5.4.3. KAMENITZAS

Kamenitza, Velebit, Kroatien; J. Hajna

Kamenitzas (Lösungspfannen) sind flache, meist runde, aber auch irreguläre Formen. Sie kommen typischerweise auf horizontalen Felsflächen vor. Sie werden durch Wasseransammlungen gebildet, denen organisches Material beigemischt ist, das die Ränder der Vertiefungen auflöst, was zu steilen Wänden führt.

Kamenitza, Velebit, Kroatien; U. Stepišnik

Kamenitza an den Capricorn Caves, Qld, Australien; N. Zupan Hajna

Kamenitzas, Kras, Italien; N. Zupan Hajna

5.4.4. KARRENFELDER

Ehemals eisbedecktes Karrenfeld in Marmor, Mt. Owen, Neuseeland; N. Silverwood

Horizontale Karren sind häufig in größerer Ausdehnung zu finden und bilden Karrenfelder, die aus Kluftkarren und Clints bestehen.

Meeres-Karren, Insel Dugi, Kroatien; N. Zupan Hajna

Karren auf Vancouver Island, Kanada; N. Zupan Hajna

Karren, die im bedeckten Karst gebildet wurden, Yorkshire Dales, UK; A. Hajna

5.4.5. RIESENKARREN

Shilin Stone Forest, Yunnan, China; G. Veni

Riesenkarren, vor allem in Form von Spitzkarren, sind sicherlich die spektakulärste Form eines Karrenfeldes (z.B. im Stone Forest von Shilin/China). Riesenkarren sind aus verschiedenen Regionen bekannt, die sich durch hohe Niederschläge (Tropen oder Subtropen) auszeichnen. Einzelne Spitzkarren sind über 30 m hoch.

Nördliches Sarawak, Nationalpark Gunung Mulu, UNESCO-Welterbegebiet; W. Vogel

Luftaufnahme von Riesenkarren in sehr reinen Kalken in feucht-tropischem Klima, Nationalpark Tsingy de Bemaraha, UNESCO-Welterbegebiet, Madagaskar; J.N. Salomon

5.5. DOLINEN

Einsturzdoline und Lösungsdolinen in einem Karstplateau, Bosnien-Herzegovina; U Stepišnik

Die charakteristischste aller oberflächigen Karstformen ist die Doline. Dabei handelt es sich um eine in sich geschlossene längliche oder runde Geländedepression, deren Breite normalerweise größer als ihre Tiefe ist. Dolinen werden durch vier unterschiedliche Prozesse gebildet: Gesteinslösung, Einsturz, Suffosion und Subsidenz; viele Dolinen sind Überbleibsel früherer Höhlen oder Schächte.

Subsidenzdoline im Gips, Priangarje, Sibirien, Russische Förderation; A. Filippov

Městikád, Lösungsdoline, Tschechien; M. Audy

5.5.1. TYPISCHE DOLINEN

Dolinen können auf verschiedenartige Weise entstehen. Die verbreitetste Form sind Lösungsdolinen. Eine typische Lösungsdoline hat einen Entwässerungspunkt an ihrem Grund, in dessen Nähe das Gestein an der Oberfläche gelöst und in den Untergrund abgeführt wird. Eine Einsturzdoline (Erdfall) hingegen ist eine meist große Vertiefung im Karst mit senkrechten Wänden, die durch den Einsturz eines tieferliegenden Höhlenraumes entsteht.

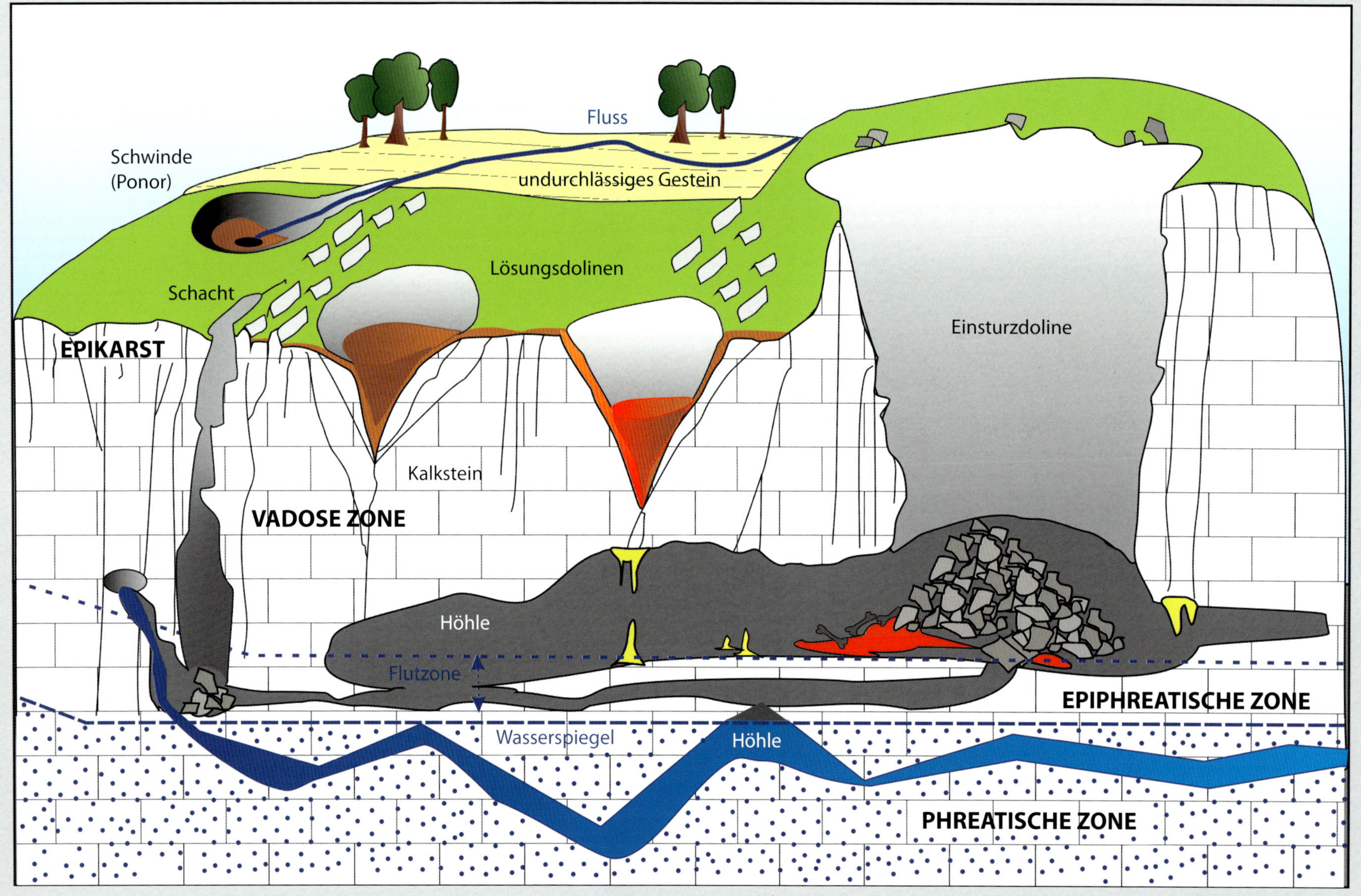

Schematisches Modell der verschiedenen Formen von Dolinen; N. Zupan Hajna

5.5.2. LÖSUNGSDOLINEN (KORROSIONSDOLINEN)

Lösungsdoline, Slowenien; N. Zupan Hajna

In gemäßigten Klimazonen sind Lösungsdolinen die vorherrschenden Oberflächenformen im Karst. Sie entstehen, wenn Wasser durch Gesteinsklüfte sickert und die Seitenwände der Risse durch Lösung erweitert, so dass sich eine flache Vertiefung bildet. Der Grund der meisten Lösungsdolinen ist mit Sediment oder Erdboden gefüllt.

Lösungsdolinen entstehen bevorzugt dort, wo eine vertikale Karstentwässerung durch entsprechende Schichtung des Gesteins, geologische Strukturen und Hangneigung über einen ausreichend langen Zeitraum ermöglicht wird.

Lösungsdoline im Gips, Perm, Russische Föderation; A. Mihevc

Lösungsdoline, Querschnitt in einem Steinbruch, Slowenien; N. Zupan Hajna

Hypothetisches 3D-Modell einer durchschnittlichen Doline auf Vancouver Island, BC, Kanada; C.L. Ramsey

5.5.3. EINSTURZDOLINEN (ERDFÄLLE)

Einsturzdoline, Dominikanische Republik; R. Flament

Roter See (Einsturzdoline), Kroatien; U. Stepišnik

Einsturzdolinen sind schachtartige Einbrüche mit vertikalen oder überhängenden Seitenwänden, die durch den Einsturz eines Höhlenraumes entstanden sind. Dem Einsturz ging Gesteinslösung voraus, die den früheren Höhlenraum bildete. Einsturzdolinen entstehen nicht notwendigerweise plötzlich, sondern meist durch allmähliches Herabfallen von Gesteinsblöcken aus der Decke in einen Höhlenraum, bis ein nach oben offenes Loch entsteht. Der Boden von Einsturzdolinen ist meist von Versturzblöcken bedeckt, die mitunter den Zugang zu horizontalen Höhlenteilen versperren können.

Sima Mayor, Sarisariñama, Venezuela; Ch. Brewer

Einsturzdoline, Nullarbor-Ebene, SA, Australien; N. Zupan Hajna

Tiankeng (Einsturzdoline), China; N. Zupan Hajna

5.5.4. DOLINENKARST

Lösungsdoline im Kalkgestein, Bosnien-Herzegovina; N. Zupan Hajna

Lösungsdolinen, Bosnien-Herzegovina; N. Zupan Hajna

Lösungsdolinen im Dolomit, Slowenien; N. Zupan Hajna

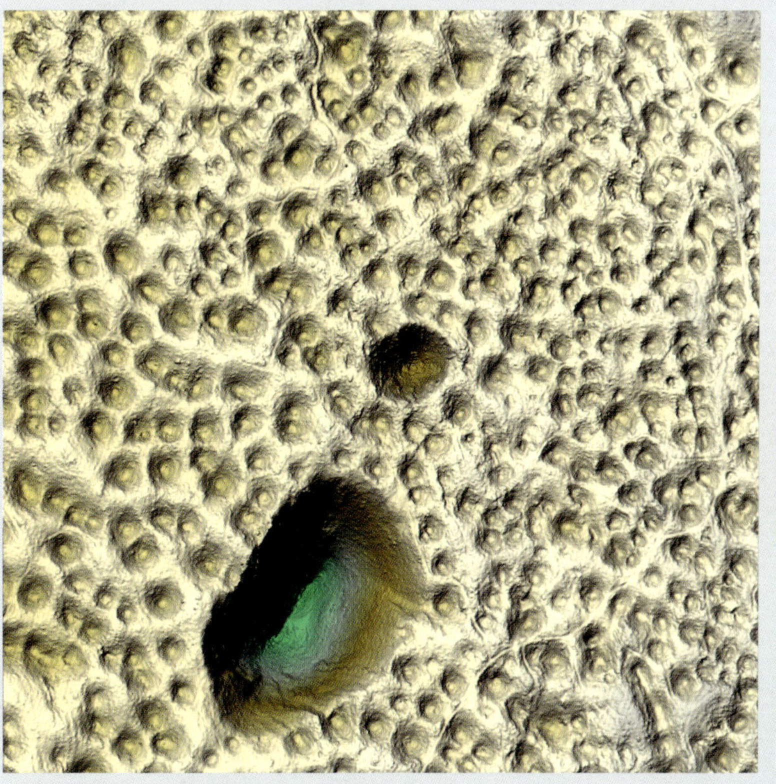

Digitales Höhenmodell aus Lidar-Daten (RS Slovenia, Geodetski oddelek ARSO) mit Einsturz- und Lösungsdolinen auf einer Karstebene, Laški Ravnik, Slowenien; A. Mihevc

In manchen Karstgebieten gibt es nur wenige Dolinen, in gemäßigten Klimazonen weisen Karstlandschaften jedoch oft hunderte Dolinen pro Quadratkilometer auf. Als polygonaler Karst wird ein Karstgebiet bezeichnet, dessen Oberfläche komplett mit Dolinen bedeckt ist.

Sedimentgefüllte Einsturzdolinen im Gips, Perm, Russische Föderation; V. Andreychouk

5.6. POLJEN

Poljen sind ausgedehnte Karstsenken mit flachem Boden, die durch Gesteinslösung und den Abfluss von Karstwasser gebildet werden. Sie können einige Dutzend Kilometer lang und breit sein. Poljen haben steile Ränder mit Quellen an einer und Ponoren an der anderen Seite. Fluktuierende Wasserstände des Karstwasserspiegels sind der Hauptgrund für die Entstehung von Poljen, daher der flache Boden. Die meisten Poljen bilden sich an geologischen Strukturen und vergrößern sich durch seitliche Lösung am Fuß der sie umgebenden Berge.

Cerkniško Polje, Dinarischer Karst, Slowenien; U. Stepišnik

5.6.1. HYDROLOGIE VON POLJEN

Aus hydrologischer Sicht liegen Poljen im Bereich des fluktuierenden Karstwasserspiegels. Aufsteigender und absinkender Grundwasserspiegel führt zur Ausbildung von Quellen, Ponoren, Estavellen, miteinander verbundenen Seen und Hochwassererscheinungen.

Fatničko Polje, Bosnien-Herzegovina; U. Stepišnik

Popovo Polje, Bosnien-Herzegovina; N. Zupan Hajna

5.7. KARSTEBENEN

Die Nullarbor-Ebene, SA, Australien, umfasst 200.000 km^2 eines großen Karstgebietes; N. Zupan Hajna

Karstebenen sind flache Verebnungsflächen, die oft mit Gesteinslösung an ihrer Basis einhergehen, aber auch durch lang anhaltende Karstdenudation an der Oberfläche gebildet werden können. Die komplexen Prozesse bei der Bildung von Lösungsebenen im Karst stellen eine Kombination von vertikaler Gesteinslösung, seitlicher Unterschneidung von Abhängen und Gesteinsabtragung an Quellaustritten dar. Auf größeren Karstplateaus können selbst unterschiedliche geologische Strukturen eingeebnet werden.

Nullarbor-Ebene mit dem eingestürzten Eingang der Koonalda Cave, SA, Australien; N. Zupan Hajna

Das Nord-Dalmatinische Karstplateau (Sjevernodalmatinska Zaravan) in Kroatien weist verebnete gefaltete Gesteine und Verwerfungen im Karbonatgestein auf; N. Zupan Hajna.

5.8. HOCHGEBIRGSKARST

Karstplateau, Grenzgebiet Slowenien/Kroatien; J. Hajna

In vielen Hochgebirgsregionen der Erde kommen Karstgebiete vor. Wenn auch eingeschränkt, so funktionieren Verkarstungsprozesse durchaus auch unter glazialen oder periglazialen Verhältnissen. Speläologische Untersuchungen haben gezeigt, dass große hydrologische Austauschsysteme im Hochgebirgskarst existieren, die durch Aktivität von Eis und Schnee, durch Gletscher-Schmelzwasser und auch durch erhöhte Niederschläge beeinflusst werden. Die tiefsten Höhlen der Welt liegen im Hochgebirgskarst.

Durmitor, Dinarisches Gebirge, Montenegro; M. Audy

Kanin-Plateau, Slowenien; J. Hajna

Velo Polje, südliche Alpen, Slowenien; U. Stepišnik

Gesteinsabtragung an einem Quellaustritt, Mackenzie Mountains, NWT, Kanada; D. Ford

Prokletije-Gebirge, Albanien; M. Audy

5.9. KEGEL- UND TURMKARST

Turmkarst, Lijang, China; G. Veni

Hoch aufragende Reliefformen im Karst, wie z.B. kegelförmige Berge, sind von Gesteinslösung und Denudation verschonte Überbleibsel ehemaliger Karstmassive, die typisch für tropische Karstlandschaften sind. Die Verteilung kegelförmiger Karstberge wird meist von strukturellen Gegebenheiten bestimmt. Kegelkarst ist durch einzelne runde Berge mit sanften Hängen (Mogote, Hum, Fengcong) charakterisiert. Eine sternförmige Senke mit einem kegelförmigen oder konkaven Boden zwischen einzelnen Karstkegeln wird Cockpit genannt. Sehr hohe und steile Karstberge werden Turmkarst (Fengling) genannt. Die einzelnen Turmkarstberge sind durch flache, sedimentbedeckte Kalkflächen voneinander getrennt.

Kegelkarst, Insel Bohol, Philippinen; N. Zupan Hajna

Cockpit, Java, Indonesien; N. Zupan Hajna

Mogoten, Kuba; A. Bengel

5.10. KONTAKTKARST

Kontaktkarst entwickelt sich in Kontaktzonen zwischen wasserdurchlässigem, verkarstungsfähigem und wasserundurchlässigem, nicht verkarstungsfähigem Gestein. Dies bringt Karstlandschaften hervor, die entweder äußeren Einflüssen unterliegen (Ponortyp) oder deren Abflussverhältnisse aus dem Karst hinausführen (Abflusstyp). Viele Karsterscheinungen befinden sich dabei nur im Grenzbereich der Gesteinsarten (z.B. Schwinden, Schlucklöcher, Ponorhöhlen, Blindtäler) und sind von im Karst verschwindenden Flüssen gebildet worden. Eine typische Karstform im Kontaktbereich sind Blindtäler, die von einem Fluss gebildet werden, der vom nicht verkarstungsfähigen Gestein in den Karst eintritt und dort in einem Ponor versinkt. Bedingt durch die Schwankung des Grundwassers sind die Böden solcher Blindtäler flach und die in ihnen abgelagerten Sedimente allogen, d.h. sie stammen nicht aus dem Karst, sondern werden vom Fluss herantransportiert.

Reste alter Flussläufe im Karst werden als Trockentäler bezeichnet, wenn sie mindestens einige Zeit im Jahr kein Wasser mehr in ihrem gesamten Verlauf führen, da ihr Wasser im Untergrund versickert.

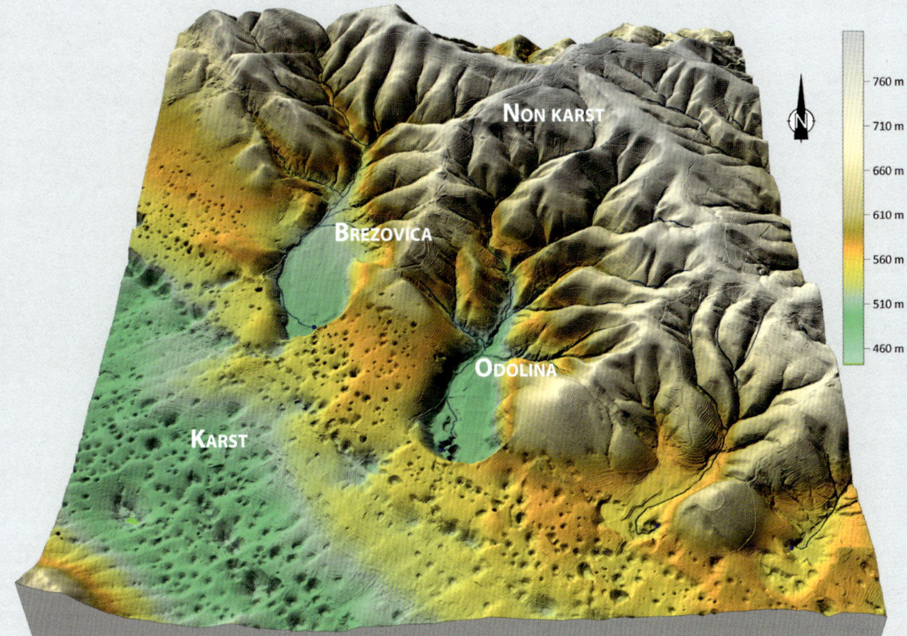

Digitales Höhenmodell aus Lidar-Daten (RS Slovenia, Geodetski oddelek ARSO) eines Karstgebietes im Kontakt mit Nicht-Karstgesteinen mit vier Blindtälern und versinkenden Flüssen; SW-Slowenien; A. Mihevc

Blindtal von Brezovica, Slowenien; M. Blatnik

Blindtal von Odolina, Slowenien; M. Blatnik

5.11. HÖHLENEINGÄNGE

Quellhöhle, Planinska Jama, Slowenien; J. Hajna

André Arch, Peruaçu River, MG, Brasilien; N. Colzato

Natürliche Höhleneingänge sind Teil der Karstoberfläche und führen in den Untergrund. Der Begriff umfasst auch kleine Löcher, Ponore, Schlucklöcher, Karstquellen, Öffnungen im Boden von Dolinen sowie Eingänge, die durch erosionsbedingten Aufschluss von Höhlenräumen unterschiedlichster Größe entstehen. Höhleneingänge können durch Blockversturz oder Sediment blockiert sein.

Eingang der Cueva Martín Infierno, Kuba; A. Bengel

Durch Erosion angeschnittener Höhleneingang, Eisriesenwelt, Österreich; N. Zupan Hajna

Eingangsportal, Peştera Topolniţa, Rumänien; G. Taffet

Schachteingang, Macocha, Tschechien; M. Audy

Eingang einer Sandsteinhöhle, Cueva Brewer, Venezuela; M. Audy

Ponorhöhle, Tkalca Jama, Slowenien; T. Hess

Sarawak Chamber, UNESCO-Welterbegebiet Mulu, Malaysia; R. Shone

HÖHLEN

6.1. HÖHLENTYPEN

Flusshöhle, Cueva de Tubagua, Dominikanische Republik; R. Flament

Höhlen sind natürliche unterirdische Hohlräume, die groß genug sind, um vom Menschen begangen zu werden. Sie können verschiedenste Entstehungsursachen haben (z.B. Karsthöhle, Gletscherhöhle, Lavaröhre) und in ihrer Länge stark variieren. Höhlen können vertikal oder horizontal verlaufen und mit Wasser gefüllt sein. Höhlen zeigen charakteristische Merkmale der lokalen Geologie und Tektonik (Zusammensetzung des Gesteins, Klüfte, Störungen, Schichtfugen), ihrer geographischen Lage (Längen-/Breitengrad), der Grundwasserverhältnisse und ihrer Landschafts- und Klimageschichte. Die meisten Karsthöhlen werden durch Gesteinslösung entlang unterirdischer Fließwege von Wasser (mit Ursprung an der Oberfläche oder aus dem Untergrund) entsprechend der jeweiligen Umweltbedingungen gebildet.

Vadoser Canyon, Markov Spodmol, Slowenien; P. Gedei

Höhlengang mit Tropfsteinen, Golokratna, Slowenien; P. Gedei

Vertikaler Schacht, Kraško Zlato, Slowenien; P. Gedei

Wassergang, Tham Hong Yé, Laos; J. F. Fabriol

6.2. GANGFORMEN IN HÖHLEN

Lösungskehle in einer Höhlenwand im epiphreatischen Bereich, Clearwater Cave, Malaysia; C. Howes

Höhlen bestehen aus einer Abfolge verschiedenster miteinander verbundener Gangformen, z.B. Röhren, Schichtfugen, Canyons, Schlüssellochgängen, Klüften oder Mäandern. Manche Höhlen enthalten große Räume und Hallen, die sich an Gangkreuzungen bilden können oder durch Deckenabbrüche entstehen.

Röhrengang mit in den Boden eingetieftem Canyon, Amaterská-Höhle, Tschechien; M. Audy

Mäander, Bela Griža, Slowenien; P. Gedei

Martel's Chamber, Škocjanske Jame, Slowenien; M. Burkey

Gangkreuzung, Grotte de Saint Marcel d'Ardeche, Frankreich; R. Flament

6.2.1. EINGANGSSCHÄCHTE

Sótano de las Golondrinas, Mexiko; A. Bengel, T. Hess

Loški Ledenik, Slowenien; A. Hajna

Barka, Slowenien; M. Blatnik

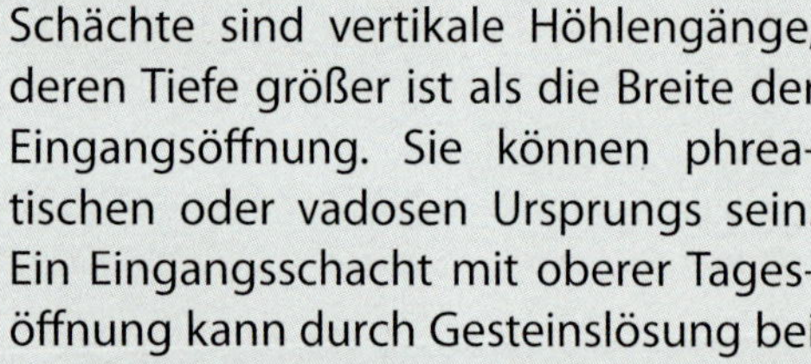

Schächte sind vertikale Höhlengänge, deren Tiefe größer ist als die Breite der Eingangsöffnung. Sie können phreatischen oder vadosen Ursprungs sein. Ein Eingangsschacht mit oberer Tagesöffnung kann durch Gesteinslösung bei vertikaler Erweiterung von Klüften in der vadosen Zone entstehen. Er kann aber auch in der phreatischen Zone durch Gesteinslösung gebildet werden und erst später durch Erosion eine Öffnung zur Karstoberfläche bilden.

Igue Noire, Frankreich; R. Flament

6.2.2. SCHÄCHTE IM HÖHLENINNEREN

Schacht im Aven de la Barelle, Frankreich; R. Flament

FP266, Picos de Europa, Spanien; J.F. Fabriol

Schächte können auch im Inneren meist größerer Höhlensysteme entstehen. Mehrere aufeinanderfolgende Schächte bilden Stufen oft sehr tiefer Schachthöhlen.

Řečiště-Höhle, Tschechien; M. Audy

6.2.3. HORIZONTALE HÖHLENGÄNGE

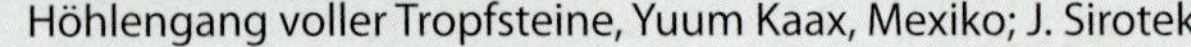

Höhlengang voller Tropfsteine, Yuum Kaax, Mexiko; J. Sirotek

Höhlengang an einer Kluft, Peștera Topolnița, Rumänien; A. Schober

Höhlengang mit Flusslauf, Býčí skála, Tschechien; M. Audy

Les yeux bleus de Marie-Jeanne, Haiti; J. F. Fabriol

6.2.4. HALLEN

Miao-Halle, Gebihe-Höhlensystem, China; S. Goto

Breakout-Halle, Shuanghedong, Guizhou, China; J. F. Fabriol

Lilliput-Halle, Su Palu, Italien; M. Audy, R. Bouda, Cs. Egri

6.3. DIE LÄNGSTEN UND TIEFSTEN HÖHLEN DER WELT (STAND 2020)

Hölloch, Schweiz; P. Crochet

Liste der längsten Höhlen, Stand 2020

	NAME DER HÖHLE	LAND	LÄNGE (m)
1	Mammoth Cave System	USA	663.050
2	Sistema Sac Actun (Nohoch Nah Chich, Aktun Hu) (unter Wasser + trocken)	Mexiko	371.958
3	Jewel Cave	USA	335.564
4	Sistema Ox Bel Ha (unter Wasser)	Mexiko	271.026
5	Suiyang Shuanghe Dongqun	China	257.497
6	Optymistychna (Gips)	Ukraine	257.000
7	Wind Cave	USA	248.161
8	Lechuguilla Cave	USA	242.045
9	Clearwater System (Gua Air Jernih)	Malaysia	238.046
10	Fisher Ridge Cave System	USA	209.216
11	Hölloch	Schweiz	201.946
12	Sistema del Alto Tejuelo	Spanien	169.000
13	Siebenhengste-Hohgant-Höhlensystem	Schweiz	167.000
14	Schönberg-Höhlensystem	Österreich	149.123
15	Sistema del Mortillano	Spanien	145.000
16	Ozerna (Gips)	Ukraine	140.490
17	Schwarzmooskogel-Höhlensystem	Österreich	136.074
18	Bullita Cave System (Burke's Back Yard)	Australien	120.400
19	Sistema del Gandara	Spanien	116.740
20	Toca da Boa Vista	Brasilien	114.000

Höhlenlänge = Summe der Länge aller Gänge einer Höhle
(Quelle: http://www.caverbob.com/wlong.htm)

Liste der tiefsten Höhlen, Stand 2020

	NAME DER HÖHLE	LAND	TIEFE (m)
1	Veryovkina	Georgien	2.212
2	Krubera (Voronja)	Georgien	2.197
3	Sarma	Georgien	1.830
4	Illyuzia-Mezhonnogo-Snezhnaya	Georgien	1.753
5	Lamprechtsofen	Österreich	1.735
6	Gouffre Mirolda / Lucien Bouclier	Frankreich	1.626
7	Reseau Jean Bernard	Frankreich	1.602
8	Torca del Cerro del Cuevon (T.33)–Torca de las Saxifragas	Spanien	1.589
9	Hirlatzhöhle	Österreich	1.560
10	Sistema Huautla	Mexiko	1.560
11	Sistema Cheve (Cuicateco)	Mexiko	1.524
12	Shakta Vjacheslav Pantjukhina	Georgien	1.508
13	Sima de la Cornisa–Torca Magali	Spanien	1.507
14	Cehi 2	Slowenien	1.502
15	Sistema del Trave	Spanien	1.441
16	Sustav Lukina Jama–Trojama (Manual II)	Kroatien	1.431
17	Evren Gunay Dudeni (Mehmet Ali Ozel Sinkhole) Peynirlikonu EGMA	Türkei	1.429
18	Boj-Bulok	Usbekistan	1.415
19	Gouffre de la Pierre Saint Martin–Gouffre des Partages	Frankreich / Spanien	1.408
20	Sima de las Puertas de Illaminako Ateeneko Leizea (BU.56)	Spanien	1.408

Tiefe = größte vertikale Ausdehnung
(Quelle: http//www.caverbob.com/wdeep.htm)

Skalarjevo brezno, Slowenien; P. Gedei

6.4. ENTSTEHUNG VON KARSTHÖHLEN (SPELÄOGENESE)

Karsthöhlen können als Lösungshöhlen bezeichnet werden, da sie durch Wasser entstehen, das lösliches und mit Rissen durchzogenes Muttergestein auflöst. Das Wasser kann epigenen oder hypogenen Ursprungs sein. Epigene Speläogenese erfolgt durch Oberflächenwasser, das auf seinem Weg von oben nach unten Kohlendioxid (CO_2) aufnimmt. Bei der hypogenen Speläogenese stammt das Wasser aus der Tiefe – unabhängig von einer Erneuerung von der Oberfläche. Hypogene Speläogenese geht oft mit Thermalwasser einher, das mit Schwefelwasserstoff (H_2S) oder Kohlendioxid (CO_2) angereichert sein kann.

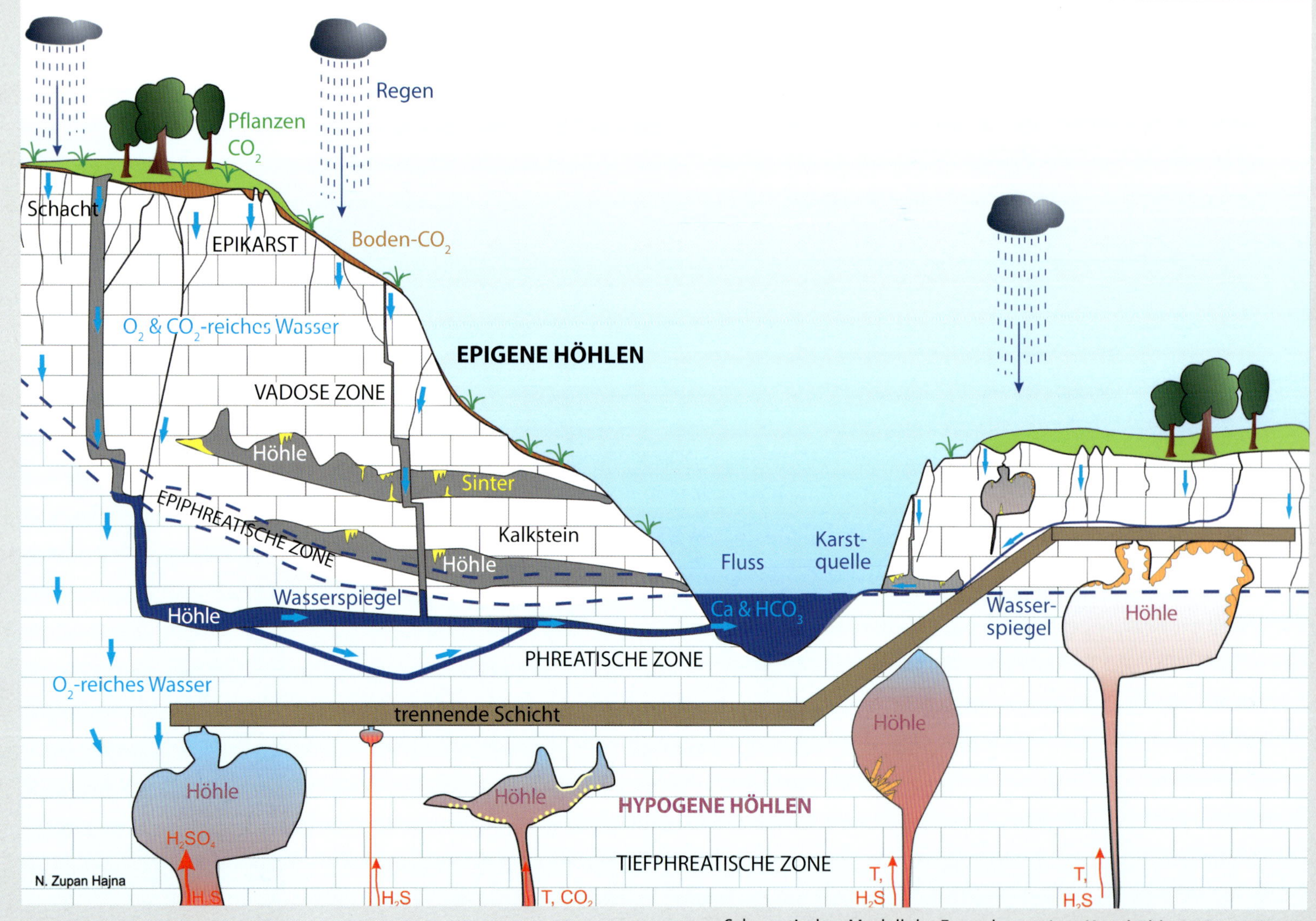

Schematisches Modell der Entstehung einer Karsthöhle; N. Zupan Hajna

6.5. EPIGENE HÖHLEN

Die Mehrzahl aller Höhlen ist epigenen Ursprungs. Sie werden durch Wasser gebildet, das in den Untergrund versinkt und schließlich an tiefergelegener Stelle wieder zu Tage tritt. Diese Höhlen, gebildet mittels biogenem CO_2 aus dem Boden, sind die klassischen und vorherrschenden Höhlen im Karst.

Wassergang mit Fließfacetten, Kagekiyo-Höhle, Japan; P. Crochet

6.5.1. EPIGENE HÖHLEN IN VERSCHIEDENEN HYDROLOGISCHEN ZONEN

„HÖHLEN" AN DER OBERFLÄCHE: Dies sind Höhlen, die durch Denudation ihre Decke verlieren und so Teil der Karstlandschaft an der Erdoberfläche werden.

VADOSE HÖHLEN: Diese Höhlen bilden sich zwischen der Karstoberfläche und dem unterirdischen Karstwasserspiegel. Das Wasser in dieser Zone folgt der Schwerkraft und erreicht nur einen kleinen Teil der Höhlendecke. Daher sind die meisten Höhlen in der vadosen Zone vertikal (Schächte). Vadose Höhlen zeigen häufig canyonartige Gangformen.

EPIPHREATISCHE HÖHLEN: Diese Höhlen werden in der Zone des schwankenden Karstwasserspiegels gebildet. Die Höhlengänge entwickeln sich hier teils unter phreatischen und teils unter vadosen Bedingungen. Daher sind die Gangformen eine Mischung phreatischer und vadoser Formen und solchen, die genau im Bereich des Karstwasserspiegels entstehen.

PHREATISCHE HÖHLEN: Diese Höhlen werden unterhalb des Karstwasserspiegels gebildet und sind oft durch unter Druck entstandene symmetrische Formen charakterisiert. Gänge erweitern sich entlang ihres gesamten Wandumfangs und weisen daher typischerweise einen runden oder ovalen Querschnitt auf.

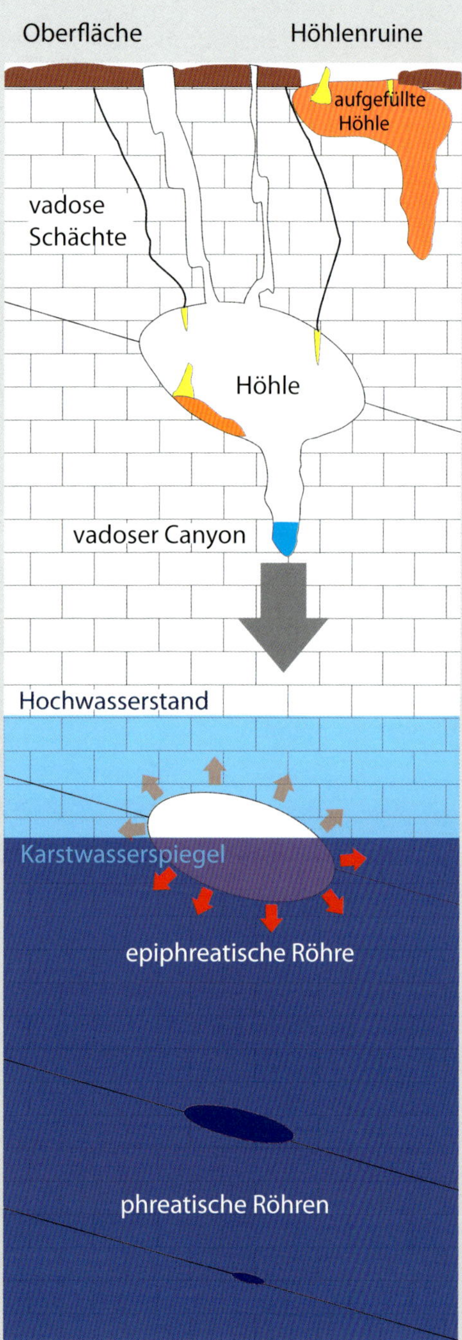

Schema von Höhlen in verschiedenen Karststockwerken; N. Zupan Hajna

„Höhle" an der Oberfläche, Slowenien; J. Hajna

Schlüsselloch-Gang, Slowenien; J. Hajna

Röhrenförmiger Gang mit seitlicher Lösungskehle entlang der Schichtgrenzen, Tschechien; M. Audy

Phreatischer Höhlengang, Mexiko; R. Husak

6.5.2. ENTWICKLUNGSPHASEN EPIGENER HÖHLEN

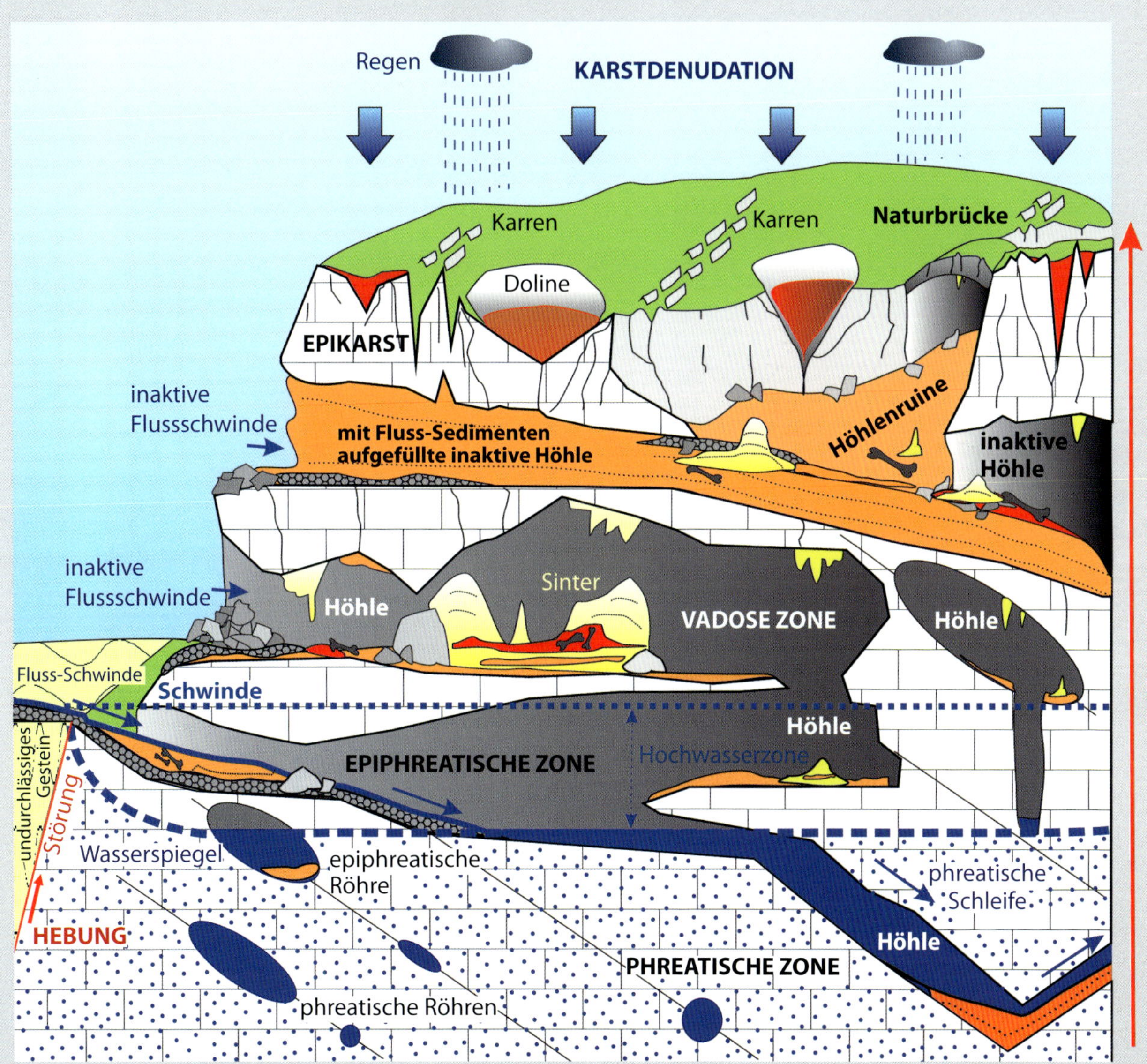

Entwicklungsphasen einer Höhle vom Beginn bis zum Zerfall; N. Zupan Hajna

Das heute gültige Modell der Entstehung epigener Höhlen hat sich aus dem früheren „Vier-Phasen-Modell“ entwickelt, das von einer initialen Phase im vorhandenen Kluftnetz, der Bildung phreatischer Röhren, anschließender Erweiterung der Röhren zu Höhlengängen bis zu einer Anpassung der unterirdischen Entwässerung an eine Hauptentwässerungsrichtung reicht. Moderne Datierungsmethoden ermöglichen eine zeitliche Eingrenzung der Entwicklungsphasen einer Höhle vom phreatischen, epiphreatischen und vadosen Stadium bis hin zum Zerfall/Erosion.

6.5.3. MERKMALE EPIGENER HÖHLEN

Fließfacetten sind muldenförmige Vertiefungen an Wänden, Böden oder Decken von Höhlengängen, die durch Wirbel in fließendem Wasser entstehen. Ein Beispiel zeigt Fließfacetten in Markov Spodmol, Slowenien; P. Gedei

Kleine Fließfacetten in einem Wassergang, Peştera Topolniţa, Rumänien; G. Taffet

Gang mit Wasserstandsmarken, Oeil de la Doue, Frankreich; J. F. Fabriol

Flusscanyon in der Akiyoshido, Japan; S. Goto

Wasserfall in einer Höhle, Ilkurakami Noana, Japan; S. Goto

Mit mächtigem Fledermausguano bedeckter Höhlenboden, Tham Pha Ka, Laos; J. F. Fabriol

Tropfsteingeschmückter Höhlengang, PN77, Frankreich; A. Schober

Großer vadoser Höhlencanyon, Tianxingyan-Höhle, China; Z. Motyčka

6.6. HYPOGENE HÖHLEN

Ein schwammartiges Gewirr von Höhlengängen in der Carlsbad Cave, NM, USA; P. Gedei

Hypogene Höhlen werden von Tiefenwasser gebildet, das nicht in Verbindung mit Wasser von der Erdoberfläche steht. Aufgrund seiner Herkunft hat das Wasser, das hypogene Höhlen bildet, häufig eine andere chemische Zusammensetzung und eine höhere Temperatur als das meteorische Wasser, das epigene Höhlen formt.

Die Lösungsprozesse stehen im Zusammenhang mit Säurequellen aus der Tiefe (CO_2/H_2S), hydrothermaler Abkühlung und Mischungskorrosion. Hypogene Höhlen in der phreatischen Zone sind 3D-Netzwerke von z.B. Drusenhohlräumen, Kuppeln und von unten nach oben gebildeten großen Schächten. Im Bereich des Karstwasserspiegels, wo die Konvektion warmer Luft und Kondenswasserkorrosion eine wichtige Rolle spielen, entstehen dendritisch verzweigte Höhlen mit isolierten Hallen, Kaminen und bewetterten, dampfenden Schächten.

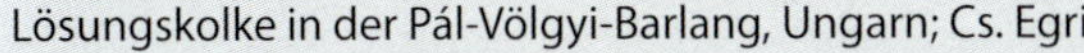

Lösungskolke in der Pál-Völgyi-Barlang, Ungarn; Cs. Egri

CO_2-See in der Zbrašov-Aragonit-Höhle, Tschechien; N. Zupan Hajna

Epigene Sinterbildungen überdecken Spuren hypogener Höhlenbildung durch schwefelsäurehaltiges Wasser, Frasassi-Höhle, Italien; N. Zupan Hajna

Gipsablagerungen in der Carlsbad Cave, NM, USA; Cs. Egri

6.6.1. BEISPIEL EINER HYPOGENEN HÖHLE

Horizontaler Röhrengang in der Lechuguilla Cave, NM, USA; Z. Motyčka

Boneyard Maze, Lechuguilla Cave, NM, USA; M. Wisshak

Die Lechuguilla Cave ist ein Beispiel für eine hypogene Höhle, die infolge Gesteinslösung durch schwefelsäurehaltige Wässer entstanden ist. Charakteristisch dafür sind mineralische Ablagerungen wie Calcit, Gips und Schwefel in verschiedenen Formen. Aufgrund der Herkunft des Tiefenwassers sind auch andere mineralische Bildungen vorhanden (z.B. Alunit, Halloysithydrat, Jarosit).

Höhlensee mit Calcitausfällungen an den Wänden, Lechuguilla Cave, NM, USA; M. Wisshak

Gipsausblühungen, Lechuguilla Cave, NM, USA; R. Straub

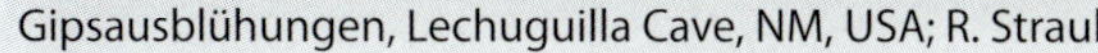

Calcitkristalle, Lechuguilla Cave, NM, USA; M. Wisshak

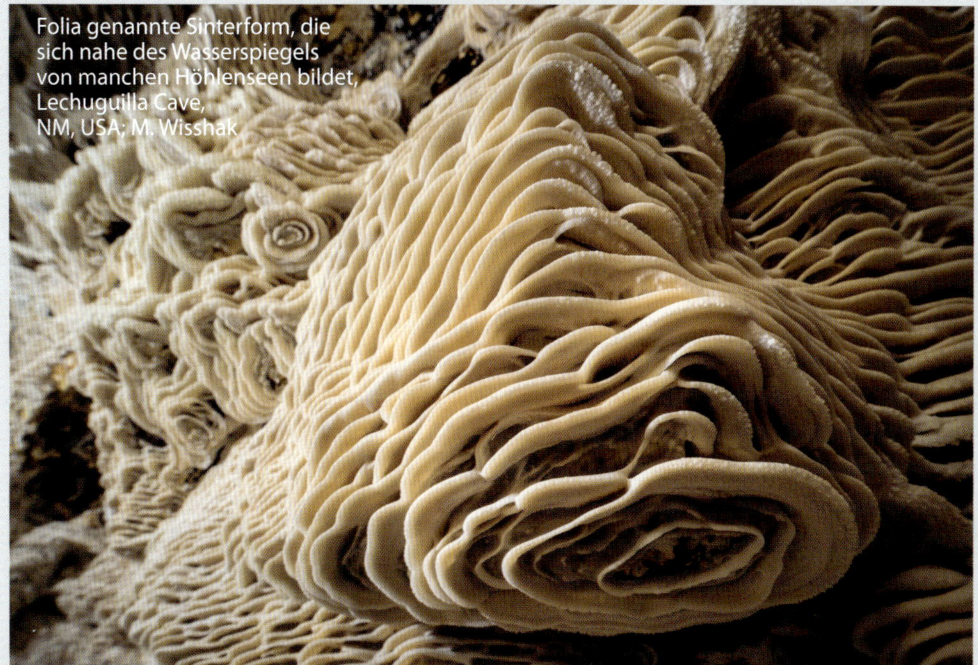

Folia genannte Sinterform, die sich nahe des Wasserspiegels von manchen Höhlenseen bildet, Lechuguilla Cave, NM, USA; M. Wisshak

Aragonitbäumchen, Lechuguilla Cave, NM, USA; M. Wisshak

6.7. HÖHLEN IM GIPS

Elisabethschächter Schlotte (Anhydrit-Höhle), Deutschland; A. Bengel, T. Hess

Mlynky-Höhle, Ukraine; Cs. Egri

Gipshöhlen können sowohl epigenen als auch hypogenen Ursprungs sein. Gips ist in reinem Wasser gut löslich. Die meisten Gipshöhlen sind kleiner als Höhlen in Karbonatgesteinen, bedingt durch die geringere strukturelle Standfestigkeit von Gips.

Parks Ranch Cave, NM, USA; D. Bunnell

Thermalhöhle im Gips, Albanien; A. Bengel, T. Hess

Parks Ranch Cave, NM, USA; M. Audy

Gipskristalle, Mlynky-Höhle, Ukraine; Cs. Egri

Dzhurynska-Höhle, Ukraine; A. Klimchouk

6.8. HÖHLEN IM SALZ

Schacht im Salz, Mount Sedom, Israel; R. Straub

Salz kommt an der Erdoberfläche nur selten vor, da es schnell durch Niederschlagswasser aufgelöst wird. Daher erlangt Salzkarst lediglich in Wüstengebieten größere Bedeutung. Höhlen im Salz sind noch seltener als in Gips. Sie entstehen allerdings sehr schnell, sobald Wasser verfügbar ist. Salzkristalle und Salztropfsteine werden aus übersättigtem Salzwasser ausgeschieden.

Farbige Salzschichten, 3N-Salzhöhle, Iran; M. Audy, R. Bouda

Eingang der Namakdan-Salzhöhle, Iran; N. Zupan Hajna

Salzstalaktiten, 3N-Salzhöhle, Iran; M. Audy, R. Bouda

3N-Salzhöhle, Iran; M. Audy, R. Bouda

6.9. HÖHLEN IN QUARZSANDSTEIN

Sandsteinsäulen, Colibrí-Höhle, Churí, Venezuela; M. Audy, R. Bouda

Die Mehrzahl der Höhlen in Quarzsandstein wird durch die Lösung des silikatischen Zementes, der die Sandkörner umgibt, gebildet. Dieser Lösungsprozess wird „Arenitisierung" genannt und durch Grundwasser bewirkt, das durch die Gesteinsklüfte zirkuliert. Die übrig bleibenden Sandkörner werden durch Erosion wegtransportiert. Das höhlenbildende Wasser reichert sich mit SiO_2 an, so dass Ablagerungen von Opal (SiO_2 x H_2O) in solchen Höhlen recht verbreitet sind. Die Lösung von Quarz in Niederschlagswasser ist ein sehr langsamer Prozess, so dass Höhlen mit größeren Raumdimensionen über lange Zeiträume gebildet werden.

Colibrí-Höhle, Churí, Venezuela; M. Audy, R. Bouda

Ojos de Cristal-Höhle, Venezuela; M. Audy

Opal-Stromatolithe, Brewer-Höhle, Venezuela; M. Audy

Ojos de Cristal-Höhle, Venezuela; M. Audy, R. Bouda

Muchimuk-Höhle, Churí, Venezuela; M. Audy, R. Bouda

Muchimuk-Höhle,
Churí, Venezuela; M. Audy, R. Bouda

6.10. HÖHLEN IN VULKANGESTEINEN

Leidarendi-Lavaröhre, Island; A. Bengel, T. Hess

Höhlen im Vulkangestein sind die am weitesten verbreitete Form von Pseudokarst-Erscheinungen. Sie kommen hauptsächlich in Basaltlava vor und haben unterschiedliche Formen. Die dominierenden und größten Vulkangesteinshöhlen sind Lavaröhren. Diese bilden sich in fließender Lava. Sobald die Lava abkühlt, verhärtet sie an der Erdoberfläche und bildet ein Dach für die darunter weiterfließende flüssige Lava. Stoppt die Eruption, kann die flüssige Lava aus dem Lavastrom herausfließen und eine luftgefüllte Lavaröhre hinterlassen. Höhlen in Vulkangestein können Stalaktiten und Stalagmiten aus Gesteinsschmelze (Lavatropfen) enthalten.

Lavaröhre, Kipuka Kanohina, HI, USA; P. Bosted

Herabgetropfte Lava, Manu Nui, HI, USA; P. Bosted

Burí-Lavaröhre, Island; M. Audy

6.11. GLETSCHERHÖHLEN

Eiskapelle, Deutschland; P. Crochet

Gletscherhöhle, OR, USA; B. McGregor

Fluss an der Basis der Sandy Glacier Cave, OR, USA; B. McGregor

Gletscher- und Firnhöhlen ähneln in hydrologischer Sicht Karsthöhlen, werden aber durch Abschmelzen von Eis oder Schnee gebildet. Sie können vadose Schächte aufweisen, die als "Gletschermühlen" bezeichnet werden und steil von der Oberfläche in horizontal verlaufende Höhlen hinabführen, die je nach Wasserstand auch phreatisch ausgebildet sein können. Solche Höhlen sind wichtig für das Verständnis des Verhaltens von Gletschern und der Schmelzvorgänge im Hinblick auf den Klimawandel. Gletscherhöhlen sind meist sehr instabil und kurzlebig.

Eingangsschacht einer Gletscherhöhle, OR, USA; B. McGregor

6.12. TEKTONISCHE HÖHLEN

Vertikale und horizontale tektonische Höhlen in Kalk, Ras al Khaimah, Vereinigte Arabische Emirate; N. Zupan Hajna

Unter diesem Begriff wird eine Vielzahl von Höhlen zusammengefasst, von denen die meisten durch Zerreißen des Muttergesteins durch Spannungen oder Bewegungen unter dem Einfluss der Gravitation entstehen. Solche Höhlen können in jedem Gestein entstehen, das hart genug ist, eine Höhlendecke zu formen, nachdem das Gestein an einer Störung zerbrochen und bewegt wurde. Tektonische Höhlen sind oft nur einfache Klüfte. Es können aber auch komplexe Ganglabyrinthe in umfangreichen Hangrutschungen vorkommen.

6.13. UFERHÖHLEN

Brandungshöhle, Vic, Australien; N. Zupan Hajna

Ufer- oder Brandungshöhlen kommen in Festgesteinen der Küste oder vorgelagerter Felsen vor, können aber auch am Rand sehr großer Seen liegen. Sie sind das Ergebnis von Erosion durch Wellen oder Gesteinslösung entlang einer Kluft.

Brandungshöhle, Lake Superior, MI, USA; G. Veni

Loch Ard Gorge Cave, Vic, Australien; N. Zupan Hajna

6.14. NATURBRÜCKEN

Rakov Škocjan, Slowenien; T. Hess

Naturbrücken im Karst sind Überbleibsel eingestürzter oder durch Denudation teilweise verschwundener Höhlendächer ehemals größerer Höhlen. Ihre Höhe ist proportional zum Querschnitt des ehemaligen Höhlenganges.

Three Natural Bridges, China; Z. Motycka

Wasserfall in der Baatara-Schlucht, Balaa-Schacht, Libanon; M. Garašić

Devetashka-Höhle, Bulgarien; M. Audy

Lozère, Frankreich; R. Flament

Holed Stone, SC, Brasilien; J. A. Labegalini

6.15. HÖHLENRUINEN

Vermessung des deckenlosen Teils der Höhle Ulica Pečina, Slowenien; N. Zupan Hajna

Höhlenruinen sind „Höhlen" an der Oberfläche, d.h. Höhlen oder Höhlenteile, die durch die Karstdenudation Teil der Karstoberfläche geworden sind. Höhlendecken werden mit der Zeit durch tektonische Hebung der Landschaft und Gesteinslösung immer dünner, was Hunderttausende bis Millionen von Jahren dauern kann. Verschiedenartige Ablagerungen, von alluvialen Sedimenten bis hin zu Tropfsteinen, können in Höhlenruinen erhalten geblieben sein.

Höhlenruine nach Entfernung der Sedimente, Slowenien; J. Hajna

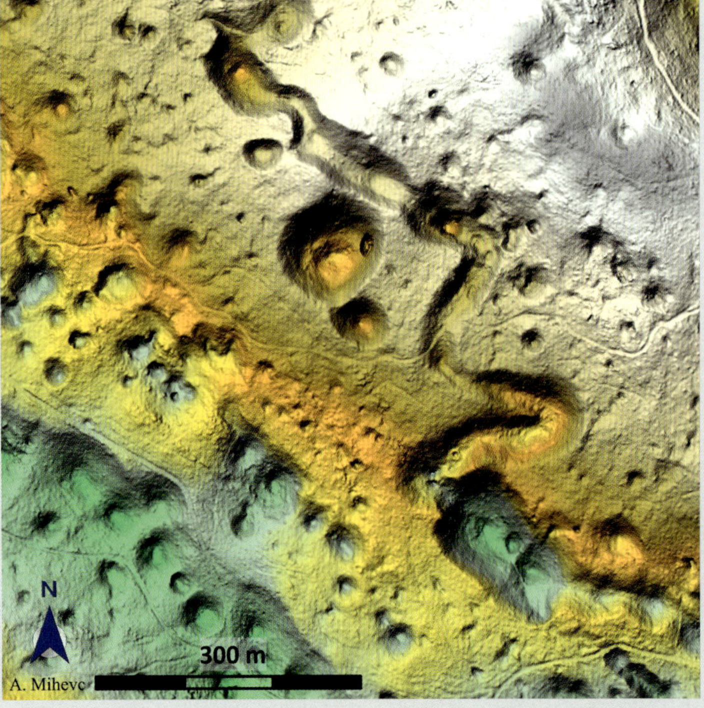

Digitales Höhenmodell der Höhlenruine Loza, umgeben von Dolinen, aus Lidar-Daten (RS Slovenia, Geodetski Oddelek ARSO), Slowenien; A. Mihevc

Stalagmit in einer Höhlenruine, Lipove Doline, Slowenien; N. Zupan Hajna

6.16. HÖHLENINHALTE

Grotte St Marcel, France; T. Hess

Höhlen können mit Wasser, Luft, Sedimenten oder einer Kombination davon gefüllt sein. Auch Organismen leben in Höhlen, und Tiere von der Oberfläche und Menschen besuchen Höhlen. Verschiedenste Sedimente, Höhlenlebewesen und ihre Hinterlassenschaften, Spuren ihrer Aktivitäten und sogar menschliche Zeugnisse finden sich in Höhlen, da sie seit alters her auch vom Menschen genutzt wurden.

6.16.1. HÖHLENSEDIMENTE

Höhlen sind Sedimentfallen, und es sammeln sich in ihnen verschiedene klastische Partikel (in der Größe von Tonpartikeln oder größer) an sowie anorganische oder organische Materialien und durch chemische Vorgänge abgelagerte kristalline Substanzen, die man als Speläotheme bezeichnet (z.B. Stalagmiten und Stalaktiten). Trockene Höhlen sind stabile und in sich geschlossene Umgebungen, geschützt vor Erosion und Zersetzung durch Sonnenlicht, Regen, Pflanzenwachstum und an der Oberfläche lebenden Tieren. Aktive Wasserläufe sind in trockenen Höhlen nicht mehr vorhanden, was Ablagerungen vor Überschwemmung bewahrt. Dennoch können kleinere Mengen von Sickerwasser Höhlensedimente gelegentlich in die Höhle befördern, die ältere Sedimente oder Fossilien bedecken und zusätzlich schützen können, so dass seltene und zerbrechliche kulturelle und paläontologische Formen erhalten bleiben.

Velika Rutarjeva Jama, Slowenien; P. Gedei

6.16.2. HÖHLENMINERALE

Blauer Aragonit, Grotte de l'Asperge, Frankreich; A. Schober

Höhlenminerale sind sekundäre Minerale, die durch verschiedene Prozesse in der Höhle gebildet werden (z.B. CO_2-Verlust, Verdunstung, Umformung oder Austausch chemischer Substanzen, Oxidation). Das Vorkommen von Mineralien und ihre Farbe hängen von der Zusammensetzung des Muttergesteins ab, in dem sich die Höhle befindet, von der Höhlenumwelt, dem Ursprung des gesättigten Wassers und dem Vorhandensein von Organismen (z.B. Fledermäuse, Mikroorganismen).

Epsomit in einem Bergwerk, Frankreich; A. Bengel

Aragonit, Grotte de Roquebleue, Frankreich; J. F. Fabriol

Grüner Aragonit, Verte du Mont Marcoux, Frankreich; R. Flament

Calcitformen, Peştera Cloşani, Rumänien; G. Taffet

6.16.3. HÄUFIGE HÖHLENMINERALE

Aragonit, Rivière souterraine de Malaval, Frankreich; R. Flament

Gipsblumen, Roppel Cave, USA; P. Bosted

Halit-Würfel, Israel; R. Straub

Tropfsteine werden von Mineralien gebildet, die in Schichten abgelagert werden. Die große Mehrheit von Tropfsteinen wird aus Calcit ($CaCO_3$) und Aragonit ($CaCO_3$) gebildet. Häufige Höhlenminerale sind weiterhin Gips ($CaSO_4 \times 2H_2O$), Anhydrit ($CaSO_4$) und Halit (NaCl), die in trockenen Höhlen auftreten. Eiskristalle finden sich in Eishöhlen. Alle anderen Minerale sind selten und an spezifische Umgebungen gebunden.

Gebänderte Calcitkristalle, Amatérská-Höhle; Tschechien; M. Audy

Halit-Excentrique, Iran; P. Crochet

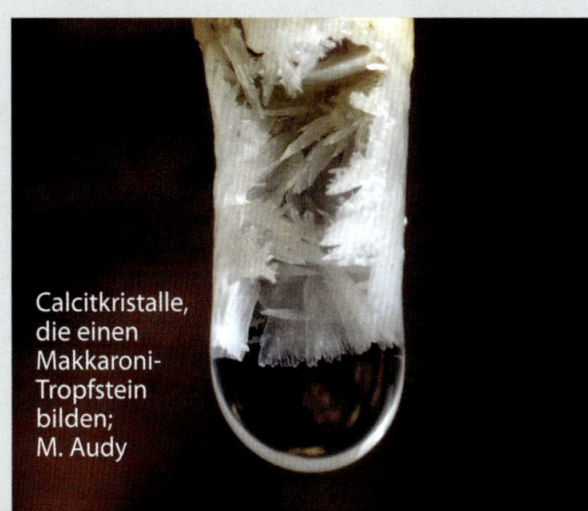

Calcitkristalle, die einen Makkaroni-Tropfstein bilden; M. Audy

Calcitkristalle, Herbstlabyrinth-Höhle, Deutschland; G. Taffet

6.16.4. TROPFSTEINE

Tropfsteine sind hauptsächlich anorganische Karbonatablagerungen, die in Karsthöhlen wachsen, wenn Wässer, die mit $CaCO_3$ gesättigt sind, die Höhle erreichen. Aufgrund von Faktoren wie CO_2-Partialdruck, Verdunstung usw. wird $CaCO_3$ aus der Lösung ausgefällt und formt Tropfsteine wie Stalagmiten, Stalaktiten, Sinterfahnen, Sinterüberzüge, Höhlenperlen und viele weitere Formen. Die Menge der Tropfsteine ist üblicherweise in tieferen Lagen, wärmeren Klimazonen und bei höheren Niederschlägen größer, da dort die Gesteinslösung intensiver ist und mehr Ionen zur Verfügung stehen.

Tropfsteine, Amatérská-Höhle, Tschechien; M. Audy

Tropfsteine, Grotte Saint-Marcel, Frankreich; T. Hess

6.16.5. TROPFSTEIN-VARIETÄTEN

Tropfsteine, Postojnska Jama, Slowenien; P. Hofmann

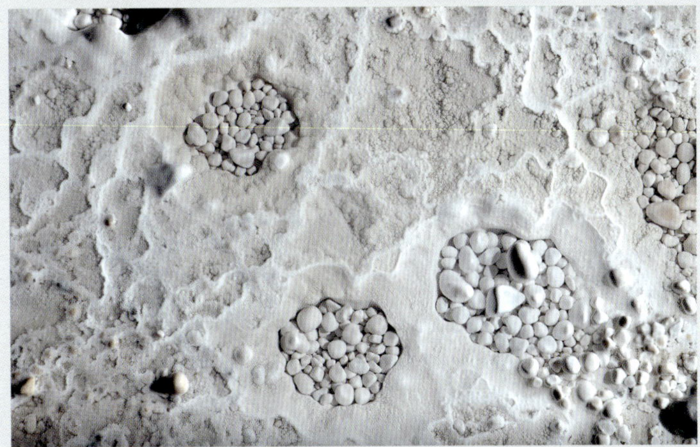

Höhlenperlen am Boden, Postojnska Jama, Slowenien; J. Hajna

Die Form von Tropfsteinen hängt von der Art des Wasserzuflusses ab. Verschiedene Formen werden aus Tropfwasser, rinnendem oder stehendem Wasser, Kapillarwasser, Kondenswasser und während der Verdunstung gebildet. Tropfsteine unterscheiden sich durch Gestalt, Farbe, Mineralzusammensetzung und Alter – von den jüngsten, die noch im Wachstum sind, bis zu solchen, die Millionen von Jahre alt sind. Das Alter von Tropfsteinen kann durch verschiedene Datierungsmethoden bestimmt werden.

Stalaktiten, Siebenhengste-Höhlensystem, Schweiz; G. Taffet

Stalaktiten am Wasserspiegel, Siebenhengste-Höhlensystem, Schweiz; G. Taffet

6.16.6. KLASTISCHE SEDIMENTE

Lehmablagerungen, Tham Houey Yé, Laos; J. F. Fabriol

Knochenbrekzie in einer Höhlenruine, Kroatien; N. Zupan Hajna

Kiesel im Bett eines Höhlenflusses, Slowenien; N. Zupan Hajna

Klastische Sedimente sind das Produkt mechanischer Verwitterung (Erosion) und unterscheiden sich in Korngröße, Partikelform, -farbe, -textur und mineralischer Zusammensetzung, je nach ihrer Herkunft. Allochthone (von außen stammende) Höhlensedimente werden von Flüssen transportiert, die im Untergrund verschwinden (Kies, Sand, Lehm, Ton). Autochthone mechanische Höhlensedimente werden in der Höhle durch Verwitterung von Wänden und Decken gebildet. Im Laufe der Zeit werden all diese Sedimente verdichtet und zu Brekzien, Konglomeraten, Sandstein, Siltstein oder Tonstein verfestigt.

Verbruchmaterial, Han-Sur-Lesse, Belgien; R. Flament

Allogene Höhlenablagerungen, Predjama, Slowenien; P. Gedei

6.16.7. HÖHLENKLIMA

Karsthöhlen befinden sich in der Kontaktzone zwischen der äußeren Atmosphäre und dem Inneren der Erde. Das Höhlenklima hängt in erster Linie vom Ort der Höhle und ihrer Gestalt, von ihren Eingängen sowie von der Größe und Richtung der verschiedenen Wärmeflüsse im Karstmassiv ab. Höhlen sind relativ stabile klimatische Umgebungen mit beinahe konstanten Temperaturen, die dem Jahresmittel der Oberflächentemperatur über der Höhle entsprechen, und hoher relativer Luftfeuchtigkeit. In Höhlen mit starken Luftströmungen können Außentemperatur und Luftfeuchtigkeit die Bedingungen tief in der Höhle beeinflussen. Luftbewegungen werden durch Temperatur- und/oder Luftdruckunterschiede innerhalb der Höhle und zwischen Höhle und Oberfläche verursacht. Wenn der Luftdruck außerhalb der Höhle höher ist, bläst der Wind in die Höhle, und umgekehrt. Das Höhlenklima beeinflusst auch stark das Wachstum von Tropfsteinen, deshalb sind Höhlen ein dauerhaftes Archiv für die Klimaschwankungen der Vergangenheit.

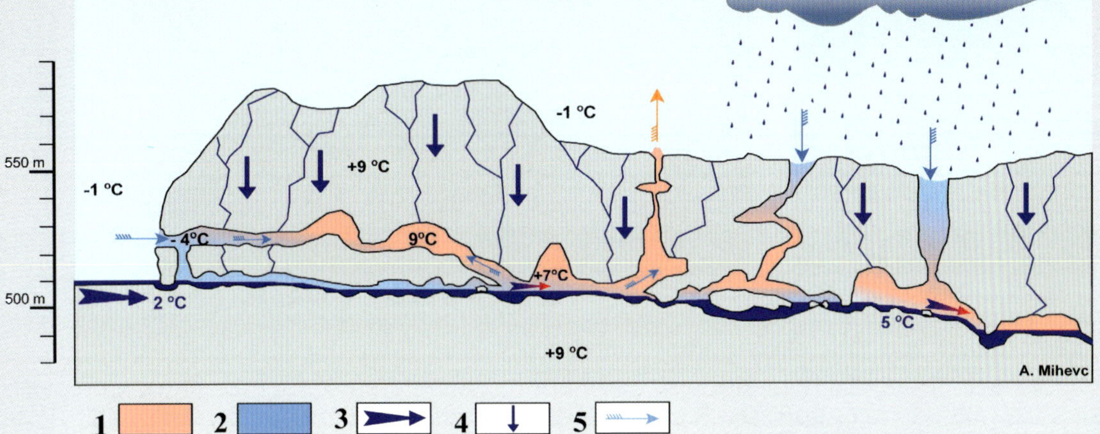

Lufttemperaturmessung in einem Höhleneingang im Sommer; N. Zupan Hajna

Windgeschwindigkeitsmessung in einem Höhleneingang im Sommer; N. Zupan Hajna

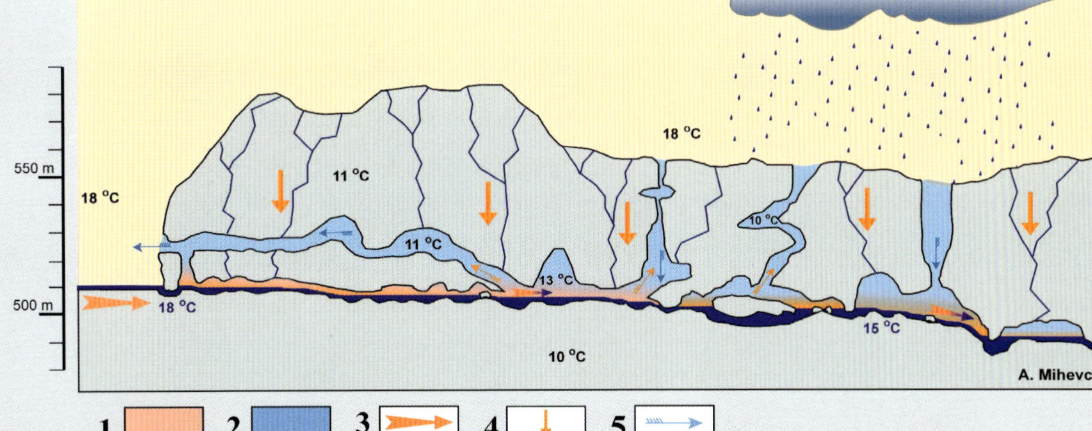

Schematische und vereinfachte Darstellung der Lufttemperatur in einem Höhlensystem mit mehreren Eingängen im Sommer und Winter; A. Mihevc.
Legende: 1 Warmluft; 2 Kaltluft; 3 Wassertemperatur, 4 Niederschlagstemperatur, 5 Richtung der Luftströme.

Eisstalagmiten an einem Höhleneingang im Winter, Zelške Jame, Slowenien; J. Hajna

6.16.8. EISHÖHLEN

Schwarzmooskogeleishöhle, Österreich; A. Bengel, T. Hess

Eiskristalle in einer Höhle, Island; M. Audy

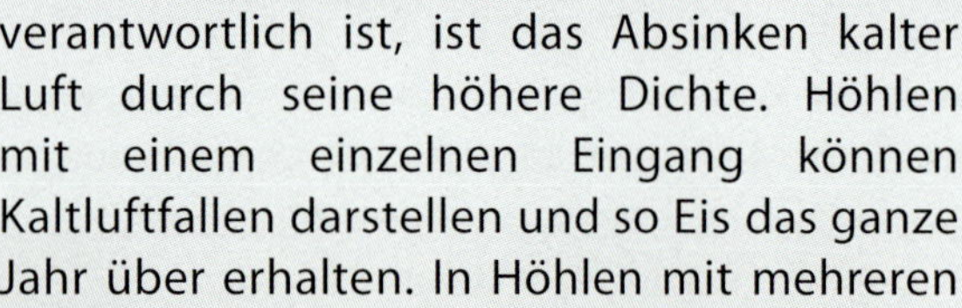

Eishöhlen beherbergen das ganze Jahr über Eis an Stellen, an denen die Morphologie und die Klimabedingungen die Entstehung und Erhaltung von Eis gestatten. Der wichtigste Kühlmechanismus, der für die Eisbildung verantwortlich ist, ist das Absinken kalter Luft durch seine höhere Dichte. Höhlen mit einem einzelnen Eingang können Kaltluftfallen darstellen und so Eis das ganze Jahr über erhalten. In Höhlen mit mehreren Eingängen kann durch den Kamineffekt kalte Winterluft durch tiefere Eingänge eindringen und die warme Luft durch höhere Eingänge herausdrücken. Im Sommer kehrt sich diese Situation um.

Eiskogelhöhle, Tennengebirge, Österreich; G. Taffet

Eistunnel, Dobšiná-Eishöhle, Slowakei; Z. Motyčka

Eishöhle, Ledena Jama na Stojni, Slowenien; P. Gedei

6.16.9. LEBEN IN HÖHLEN

Fledermäuse verlassen im Schwarm die Deer Cave, Mulu, Malaysia; C. Howes

Dunkelheit in Höhlen; J. Hajna

Höhlen sind aufgrund der ständigen Dunkelheit, geringem Nahrungsangebot, hoher Luftfeuchtigkeit und gleichbleibender Temperaturen ein extremer Lebensraum. Höhlen, enge Röhren und erweiterte Spalten dienen als Habitat für eine sehr diverse Fauna. Wir unterscheiden zwischen Tieren, die permanent in Höhlen leben (Troglobionten), und solchen, die nur gelegentlich Höhlen aufsuchen (Nicht-Troglobionten). Mikroorganismen kolonisieren ebenfalls diverse Habitate in einer Höhle – von Höhlenwänden, Pfützen über fließendes, tropfendes Wasser bis hin zu Kondenswasser.

"Goldene" Bakterien (vornehmlich fluoreszierende Pseudomonaden), Slowenien; N. Zupan Hajna

6.16.10. OBERFLÄCHENTIERE IN HÖHLEN

Fledermäuse *(Myotis myotis)*; M. Audy

Höhlengrille *(Rhaphidophoridae)*, Laos; H. Steiner

Tiere, die aus verschiedenen Gründen gelegentlich Höhlen aufsuchen, werden in drei Gruppen eingeteilt: a) Oberflächentiere, die regelmäßig Teile ihres Lebenszyklus in Höhlen verbringen (Trogloxene); b) Oberflächenarten, die mehr oder weniger permanente Populationen untertage ausbilden (Troglophile) und c) gelegentliche Höhlenbesucher. Fledermäuse werden generell, aber fälschlicherweise für typische Höhlentiere gehalten – sie sind jedoch Trogloxene, da sie zwar teilweise an ein Leben in Höhlen angepasst sind, aber zur Nahrungssuche an die Oberfläche zurückkehren müssen.

Die Große Höhlenspinne *(Meta menardi)*; N. Zupan Hajna

Siebenschläfer *(Glis glis)* in einer Höhle, Slowenien; N. Zupan Hajna

Cave Racer *(Elaphe taeniura grabowskyi)*, Mulu Caves, Malaysia; C. Howes

6.16.11. UNTERIRDISCHE FAUNA

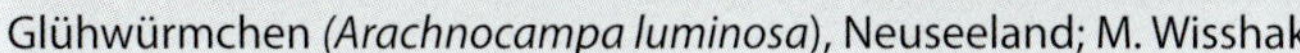

Glühwürmchen *(Arachnocampa luminosa)*, Neuseeland; M. Wisshak

Schlankhalskäfer *(Leptodirus hochenwartii)*, Slowenien; P. Gedei

Grottenolm *(Proteus anguinus)*, endemisch im Dinarischen Karst; A. Bengel

Troglobionten sind „echte" Höhlenbewohner oder Bewohner der Unterwelt. Sie sind vollständig an ein Leben im Untergrund angepasst, verbringen ihr gesamtes Leben in Höhlen und sind nicht in der Lage, an der Oberfläche zu überleben. Aufgrund ihrer Isolation sind Troglobionten im Allgemeinen nicht sehr häufig und oft endemisch auf ein relativ kleines Karstgebiet beschränkt.

In Höhlen lebende Tiere haben sich an die spezifischen und konstanten Bedingungen angepasst, indem sie Verhaltensmuster und morphologische Merkmale entwickeln, die sie zum Überleben im Untergrund brauchen. Zum Beispiel erscheinen viele Höhlenarten weiß, weil sie ihre Pigmente verloren haben. Typisch sind auch reduzierte oder fehlende Augen und verlängerte Gliedmaßen.

Riesen-Höhlenassel *(Titanethes albus)*; J. Hajna

Goldener Höhlenwels *(Clarias cavernicola)*, Aigamas Cave, Namibia; F.J. Jacobs

Käfer *(Gracilliella apfelbecki)*, Bosnien-Herzegovina; M. Audy

Höhlenmuschel *(Congeria kusceri)*, Boshien-Herzegovina; N. Zupan Hajna

6.16.12. PALÄONTOLOGISCHE FUNDE

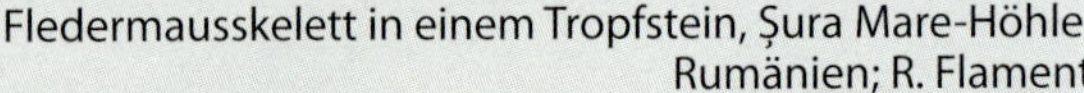

Fledermausskelett in einem Tropfstein, Şura Mare-Höhle, Rumänien; R. Flament

Hirschschädel, Grotte du Cerf, Frankreich; A. Bengel, T. Hess

In Höhlen gefundene Reste von Knochen, Zähnen und Haaren gehören in erster Linie zu Arten, die entweder bereits ausgestorben sind oder aufgrund von Klimaänderungen nicht mehr in der jeweiligen Region leben. Höhlenpaläontologie ist das Studium fossilen Tier- und Pflanzenmaterials, das in Höhlen gefunden wurde. Viele der reichsten paläontologischen Stätten der Welt befinden sich in Höhlen. Die Skelette großer ausgestorbener Tiere sind imposant (z.B. Höhlenbär, Mammut, Beutellöwe, Riesenfaultier), es sind aber die Zähne kleiner Säuger (z.B. Fledermäuse, Wühlmäuse, Schläfer), die für das Verständnis der Umweltbedingungen vergangener Zeiten besonders wertvoll sind.

Zähne von Kleinsäugern aus Höhlensedimenten, Slowenien; A Mihevc

Faultierskelett, K'oox Baal-Höhle, Mexiko; M. Manhart

Fußabdruck eines Höhlenbären, Grotte Slin, Frankreich; A. Bengel

6.16.13. ARCHÄOLOGISCHE FUNDE

Caverne du Pont d'Arc (Nachbau der Grotte Chauvet), Frankreich; G. Veni

Höhlen spielten während der gesamten Menschheitsgeschichte eine wichtige Rolle, und viele Höhlen sind heute bedeutende archäologische Stätten. Überreste menschlicher Tätigkeiten sind oft in den angesammelten Sedimenten der Höhleneingänge eingeschlossen. Prähistorische Menschen hinterließen Fußabdrücke in weichem Lehm, Holzkohle von Fackeln und Feuern, Feuersteinwerkzeuge, verschiedenste Objekte, Knochen und zahlreiche Zeichnungen. Einige der berühmtesten Zeichnungen und Gravuren in Höhlen und Felsüberhängen datieren zurück in die Kaltzeit (Altpaläolithikum). Unglücklicherweise trägt die hohe Luftfeuchtigkeit mancher Höhlen zum Zerfall der Spuren bei, die frühe Menschen hinterlassen haben.

Archäologen früherer Zeiten konzentrierten sich bei der Ausgrabung von Höhlensedimenten vor allem auf die Suche nach Werkzeugen und Kunstwerken. Heutzutage sind Ausgrabungen ein langsamer und sorgfältiger Prozess mit dem Ziel, durch einen interdisziplinären Ansatz und modernste Methoden (z.B. verschiedene Datierungsmethoden, DNA-Analysen) so viele Informationen wie möglich zu erlangen. Auf diese Weise erbringen moderne Forschungsmethoden sehr viel mehr Informationen über frühe Hominiden, die Höhlen nutzten. Als Beispiel seien neueste höhlenarchäologische Studien erwähnt, die zeigen, dass vor zwei Millionen Jahren drei verschiedene menschenähnliche Arten in Südafrika Seite an Seite lebten. DNA-Analysen einer anderen Studie zeigten, dass ein weiblicher Teenager, der vor 90.000 Jahren in Russland lebte, der erste bekannte Fall einer Person ist, deren Eltern von zwei verschiedenen Hominidenarten stammen.

Keramikgefäß, Tianxingyan-Höhle, China; Z. Motyčka

Bronzezeitliche menschliche Überreste, Höhle in Süddeutschland; R. Straub

6.17. HÖHLEN ALS MENSCHLICHE NUTZRÄUME

Menschen haben Höhlen als die früheste Form von Unterständen und Behausungen genutzt. Über die Zeiten und in verschiedenen Gegenden wurden Höhlen mit Furcht, Mysterien, Religion, Abenteuer und Neugier assoziiert.

Eine der häufigsten Nutzungsformen von Höhlen war die der Wasserversorgung. Wasser ist normalerweise rar in Karstgebieten, und das Austreten von Wasser aus dem Boden wurde oft als Wunder angesehen. Als Folge davon wurden Höhlen in aller Welt – bis heute – als heilige Plätze angesehen. Tausende Höhlen sind im Laufe der Geschichte für religiöse Rituale genutzt worden. Andere Höhlen wurden als Viehställe, Bergwerke oder Schutzburgen genutzt.

Tal der Klöster. Höhlen wurden in der Vergangenheit als Unterstände und für Begräbnisse genutzt, Libanon; G. Veni

Heiligtum Bom Jesus da Lapa, BA, Brasilien; J. A. Labegalini

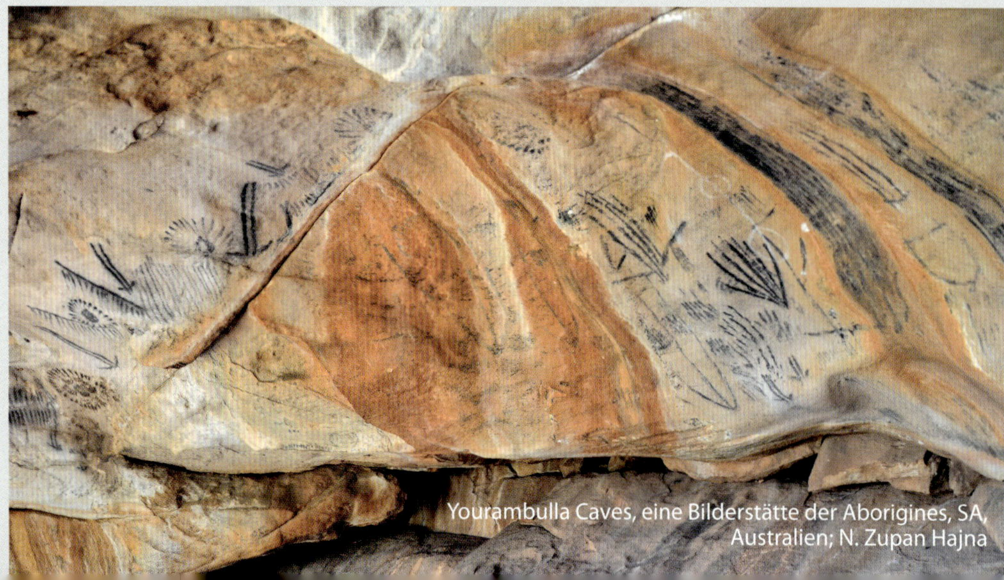

Yourambulla Caves, eine Bilderstätte der Aborigines, SA, Australien; N. Zupan Hajna

Speläotherapie, Cisařská-Höhle, Tschechien; M. Audy

Fußballspiel, Sumidouro-Höhle, BA, Brasilien; J. C. Faraco

Buddha-Tempel, Dafodong-Höhle, China; Š. Mátl

Guilin, China; G. Veni

KARSTNUTZUNG

7.1. EMPFINDLICHKEIT DES KARSTES

Guilin, China; C. Mayaud

Offene Spalten im Epikarst, Bosnien-Herzegovina; N. Zupan Hajna

Karst funktioniert überall auf der Welt in ähnlicher Art und Weise. Karstlandschaften sind durchlöchert von einem Netzwerk aus Höhlen, wasserführenden Gängen und Spalten, durch die das Wasser fließt.

Aufgrund der dünnen Bodenschicht, des schnellen Eindringens von Wasser, des schnellen Grundwasserabflusses, der Möglichkeit, Schadstoffe in unterschiedliche Richtungen zu transportieren, und des teilweisen Rückhalts von Schadstoffen ist Karst ein extrem empfindliches und verletzliches System. Verschmutzung beeinflusst nicht nur die Wasserqualität, sondern auch die Höhlen, die eine sehr spezifische und empfindliche Umwelt enthalten, mit relativ konstanter Temperatur und Luftfeuchtigkeit über das ganze Jahr. Verschmutzung kann auch die natürliche Umwelt der Höhlenfauna verändern, die in einem sehr fragilen Ökosystem lebt.

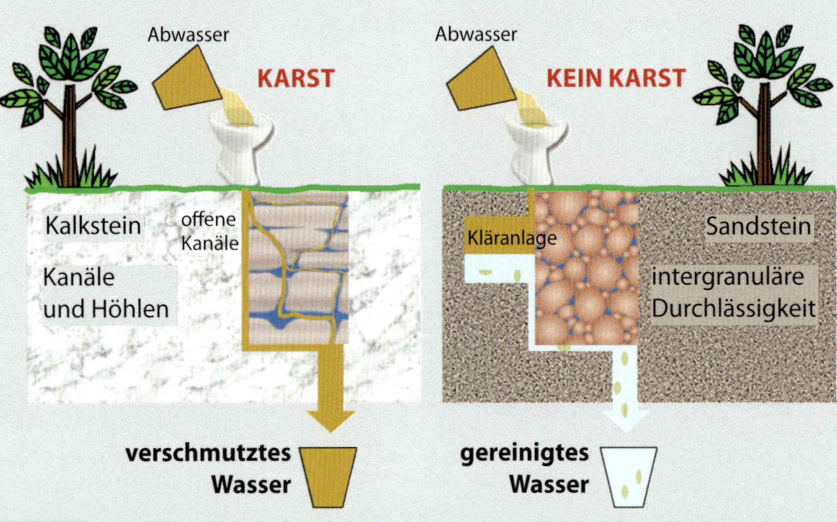

Schematisches Modell des Wasserflusses im Karst und Nicht-Karst; N. Zupan Hajna

Offene Passagen, Križna Jama, Slowenien; Cs. Egri

7.2. GEFÄHRDUNGEN

Menschen beeinträchtigen die Umwelt seit Tausenden von Jahren, aber die schiere Größe der heutigen Bevölkerung führt zu sehr viel offensichtlicheren und unvermeidlichen negativen Umweltfolgen. Die enorme Empfindlichkeit des Karstes macht ihn außerordentlich anfällig für Verschmutzung. Solange die Landoberfläche frei von Verschmutzung und ungestört ist, gelangt nur sauberes Wasser in den Karstwasserkörper. Befinden sich allerdings Schadstoffe auf der Landoberfläche, sickern sie schnell durch die Karstoberfläche und gelangen in den Karstwasserkörper. Einmal in die Untergrundströme eingebracht, können sie schnell über große Entfernungen in unbekannte Richtungen transportiert werden, mit geringer Verdünnung und mit ernsthaften Gefahren für menschliche Gesundheit und Umwelt.

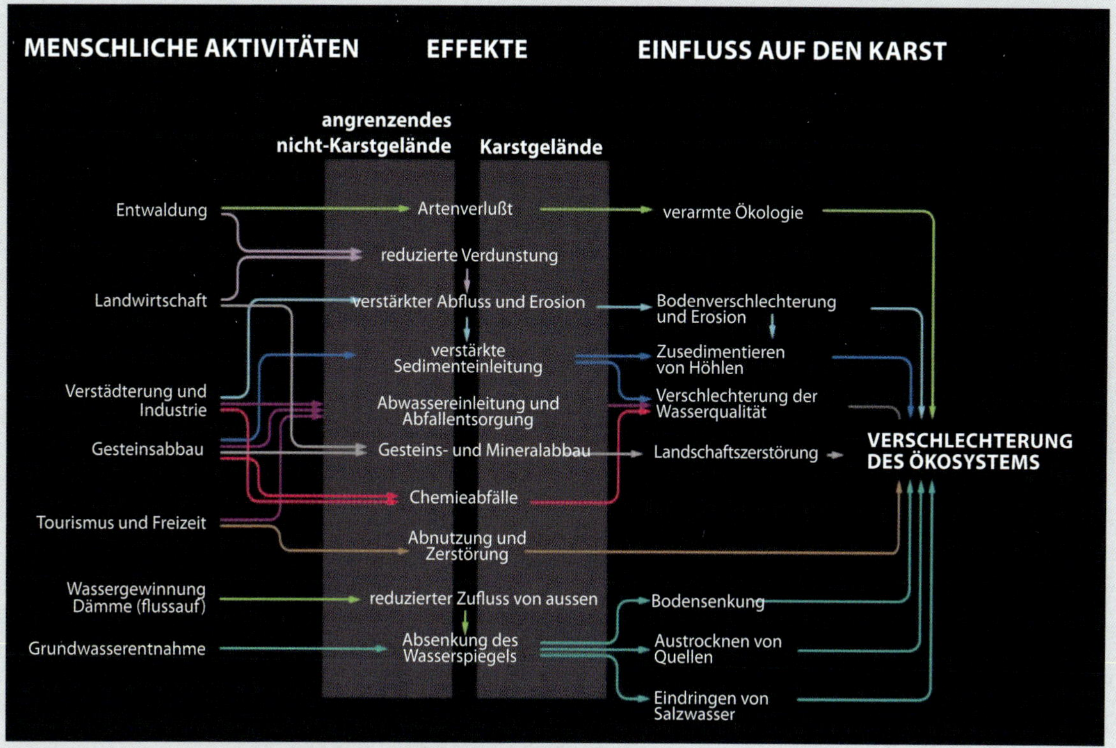

Einflüsse menschlicher Aktivitäten im Karst; P. Griffiths

Schematisches Modell der Verschmutzung in Karstgebieten (N. Zupan Hajna) durch Industrie, Deponien, Steinbrüche und Intensivlandwirtschaft in Form von Chemikalien und Dünger, Freisetzung von Chemikalien aus Höfen als Öl, Salze oder Schwermetalle, durch die Drainage von Straßen und Parkplätzen, aus undichten Abwasserleitungen und Sickergruben, durch Bau von Straßen, Bahntrassen, Tunneln, Häusern und anderen Bauwerken, durch Verfüllen und Zerstörung von Höhlen, Dolinen und anderen Karstphänomenen. Im besten Fall hinterlassen diese Tätigkeiten ästhetische Wunden in der Karstlandschaft. In schwerwiegenderen Fällen werden unersetzliche Orte für Wasser, Ökosystem, kulturelles Erbe und wissenschaftliche Befunde beschädigt oder zerstört.

7.2.1. BEISPIELE VON GEFÄHRDUNGEN

Bedrohung von Höhlen und Karst durch Verschmutzung, Postojna, Slowenien; J. Hajna

Menschliche Aktivitäten und Eingriffe können ganz verschiedene Arten von Verschmutzung, Naturkatastrophen, Ökosystem-Schäden und Biodiversitätsverlust hervorrufen. Im Gebiet von Postojna zum Beispiel, mit all seiner städtischen Infrastruktur, liegt im Südwesten das Einzugsgebiet der Malni-Karstquelle. Jegliche Verschmutzung aus dieser Gegend kann direkt in den Karst gelangen oder zur Verschmutzung des Pivka-Flusses beitragen, der in die Postojnska Jama fließt. Die Malni-Karstquelle liefert das Trinkwasser für etwa 10.000 Menschen. Jede Unachtsamkeit und Verschmutzung des Karstuntergrundes hat direkten Einfluss auf die Wasserqualität dieser Quelle.

7.2.2. ZERSTÖRTER KARST

Landgewinnung und Wasserkraftwerke, Fatničko Polje, Bosnien-Herzegovina; U. Stepišnik

Im harmlosesten Fall hinterlassen menschliche Aktivitäten ästhetische Wunden in der Karstlandschaft. In vielen Fällen werden aber Orte beschädigt oder völlig zerstört, die für Wasser, Ökosysteme, kulturelles Erbe und wissenschaftliche Erkenntnisse unerlässlich sind. Wenn die Karstumwelt der Oberfläche oder des Untergrundes geschädigt wird, benötigt sie sehr lange zur Erholung. Eine Wiedergutmachung der Schäden kann sehr schwierig und oft unmöglich sein.

Krupa, eine klare Karstquelle, die mit PCB aus entsorgten Kondensatoren kontaminiert ist, Slowenien; U. Stepišnik

Nach einem Waldbrand, Velebit, Kroatien; N. Zupan Hajna

Entwaldete Kornati-Insel, Kroatien; N. Zupan Hajna

Steinbruch, Insel Bohol, Philippinen; N. Zupan Hajna

7.3. EMPFINDLICHKEIT VON KARSTWÄSSERN

Klokot-Quelle, Bosnien-Herzegovina; U. Stepišnik

Eine Erfassung der Empfindlichkeit von Karstwässern liefert einen Indikator für den Grad der Fähigkeit, potentielle Verschmutzungen zu neutralisieren (Grad der Selbstreinigungs- und Regenerationskapazität). In den empfindlichsten Gebieten sollten die striktesten Maßnahmen ergriffen und die schädlichsten menschlichen Aktivitäten verboten werden. Im Karst fließen ungefähr 99 % des Wassers zeitweise in offenen Passagen.

7.3.1. WASSERVERSORGUNG - KARSTWASSERKÖRPER

Karstwasserkörper liefern geschätzte 20 % des Trinkwassers auf der Welt, in Karstgebieten finden sich weltweit die größten Quellen und Brunnen. Karstwasserkörper sind Grundwasserreservoirs in verkarstetem Gestein. Wie alle Grundwasserkörper werden sie von Oberflächenwasser gespeist, was sie sehr empfindlich für Verschmutzung macht. Einige Karstwasserkörper werden sehr stark genutzt. Übernutzung kann zu Problemen wie Bildung von Erdfällen und Eindringen von Salzwasser führen.

World Karst Aquifer Map

Weltkarte der Karstwasserkörper (https://www.un-igrac.org/news/new-world-karst-aquifer-map)

7.3.2. WASSERVERSORGUNG - KARSTQUELLEN

Wasserwerk der Hubelj-Quellen, Slowenien; U. Stepišnik

Starke Schüttungsschwankungen und hohe Empfindlichkeit gegenüber Verschmutzung machen Karstquellen oft problematisch, sie sind aber in vielen Ländern oder Regionen die Hauptquelle für Trinkwasser. Die Nutzung von Karstwasserkörpern und Karstquellen hat eine lange Geschichte und Tradition. Viele Städte wurden in der Nähe großer Karstquellen gegründet.

Timava-Quellen, Italien; U. Stepišnik

Fassung von Quellwasser, Istrien, Kroatien; N. Zupan Hajna

Traditionelle Quellfassung, Ras al Khaimah, UAE; N. Zupan Hajna

7.4. MÜLL UND MÜLLDEPONIEN

Müllsammlung mit Wertstofftrennung und Sanierung einer alten städtischen Deponie, Slowenien; M. Blatnik

Müllprobleme und die Unzulänglichkeit existierender offizieller und inoffizieller Deponien sind gegenwärtig ein weltweites Thema. Müll findet sich überall. Im Verlauf der Zeit wird Müll zersetzt und seine Inhaltsstoffe gelangen mit dem Wasser in den Untergrund. Trotz der Einführung neuer Technologien muss ein Großteil des Mülls immer noch in Deponien gelagert werden. Durch die Konzentration von Schadstoffen an einem Platz stellen diese eine Gefahr für die Karstumwelt dar. Ältere Deponien sind besonders problematisch, da hier bei der Ortswahl und dem Bau die Gefahr der Grundwasserverschmutzung nur ungenügend Beachtung geschenkt worden ist.

Weggeworfener Müll; N. Zupan Hajna

Verfüllung einer Doline mit Müll; N. Zupan Hajna

Überholte Deponierungsmethode, Slowenien; M. Blatnik

7.5. INTENSIVE LANDWIRTSCHAFT

Landwirtschaft, Java, Indonesien; N. Zupan Hajna

Dolinen und Felsterrassen werden im Karst traditionell landwirtschaftlich genutzt. Intensive Landwirtschaft führt auf verschiedenen Wegen zu Problemen im Karst. So führen Überdüngung und der Einsatz von Pestiziden zur Verschmutzung der Wasservorräte im Untergrund und der Höhlen-Ökosysteme und gefährden so die Arten im Untergrund. Besondere Vorsicht ist daher vonnöten - ökologische Landwirtschaft ist weitaus verträglicher für den Karst.

Gartenbau, China; A. Mihevc

Ausbringen von Gülle, Slowenien; N. Jankovič

Weingärten, Bosnien-Herzegovina; N. Zupan Hajna

7.6. ENTWALDUNG DURCH WEIDE UND FORSTWIRTSCHAFT

Bäume stehen nur in Einbruchsdolinen, Kupres-Polje, Bosnien-Herzegovina; N. Zupan Hajna

Nach einem Kahlschlag, Vancouver Island, Kanada; P. Griffiths

In beweideten Karstlandschaften führt Überweidung zu Bodenerosion und Entwaldung. Bäume überdauern nur noch in Steilhanglagen.

Die Auswirkungen der Forstwirtschaft umfassen Waldbrände und starke Bodenerosion. Durch Wiederaufforstung mit Monokulturen gehen ursprüngliche Arten verloren und das natürliche Ökosystem wird zerstört.

Weidewirtschaft, Insel Pag, Kroatien; N. Zupan Hajna

Natürlicher Buchenwald *(Fagus)* im UNESCO-Gebiet, Slowenien; N. Zupan Hajna

Teak-Plantage, Java, Indonesien; N. Zupan Hajna

Nach einem Waldbrand, Vancouver Island, Kanada; N. Zupan Hajna

7.7. MASSENTOURISMUS

Krka-Nationalpark, Kroatien; J. Hajna

Ein Problem, dem alle Verantwortlichen in Karstgebieten gegenüberstehen, ist der Personalmangel, um Bedrohungen von Karstlandschaften in Touristengebieten in den Griff zu bekommen. Viele bekannte Karstgebiete sind für Besucher zugänglich, aber oft ist die schiere Masse von Touristen eine große Belastung für die Karstumwelt, speziell wenn zu viele Menschen zur gleichen Zeit anwesend sind. Dies gilt besonders für UNESCO-Gebiete, die sich großer Popularität erfreuen.

Yunnan Stone Forest, China; M. Blatnik

Karststrand, Thailand; R. Straub

Puerto Princesa Underground River, Philippinen; A. Hajna

7.8. HÖHLENTOURISMUS

Touristische Nutzung der Postojnska Jama seit 1818; A. Schaffenrath (1821)

Höhlentourismus verursacht verschiedenste Probleme in Höhlen. Veränderungen der Höhlenumwelt werden durch Anlage von Wegen, Aufgabe alter Wege, Schaffung neuer Eingänge, Installierung von Beleuchtung ("Lampenflora"), Reinigung von Tropfsteinen mit aggressiven Substanzen und die Ansammlung von Staub und Ruß hervorgerufen. Massenbesuche erhöhen die Lufttemperatur und den CO_2-Partialdruck. Schäden an der Höhle sind nicht immer sofort sichtbar, sie akkumulieren sich oft allmählich über längere Zeit. Irgendwann werden die angesammelten Schäden sichtbar, und die Höhlenumwelt und das Ökosystem haben sich unwiederbringlich verändert. Höhlenbesuche haben dementsprechend langfristige Auswirkungen.

Verfallene Holzbrücke in einer aufgelassenen Touristenhöhle, Bosnien-Herzegovina; N. Zupan Hajna

Grünalgen-"Lampenflora"; M. Blatnik

Kultur-Event in einer Touristenhöhle, Slowenien; N. Zupan Hajna

Überreste alter Infrastruktur, Jenolan Caves, NSW, Australien; N. Zupan Hajna

Vielfarbiges Licht überdeckt die natürliche Schönheit, Dafodong-Höhle, China; R. Husák

7.9. VERSCHMUTZUNG UND ENTWERTUNG VON HÖHLEN

Müll auf einem Schachtgrund, Slowenien; M. Prelovšek

Höhlen sind empfindlich gegenüber menschlichen Beeinträchtigungen und stellen daher sehr spezifische Managementprobleme und Herausforderungen dar. Höhlen mit Schachteingängen sind besonders beliebt für Müllentsorgung – „Aus den Augen, aus dem Sinn!". Der Müll kann allerdings schädliche Auswirkungen auf die Höhle, das unterirdische Leben und unser Trinkwasser haben.

Mit dem Betreten einer Höhle beeinflussen wir ihre Umwelt und ihre Inhalte. Abgebrochene Tropfsteine sind die häufigsten Schäden. In der Vergangenheit wurden Tropfsteine als Medizin oder als Heimdekoration genutzt. Es ist wichtig zu verstehen, dass Tropfsteine, die Tausende von Jahren gebraucht haben, um zu wachsen, und einmalige und unschätzbare wissenschaftliche Daten enthalten, in einem Augenblick zerstört werden können.

Müll auf einem Schachtgrund, Slowenien; J. Hajna

Graffiti auf Tropfsteinen, Slowenien; A. Mihevc

Verlassenes Höhlencamp, Slowenien; N. Zupan Hajna

Abgebrochene Tropfsteine, Slowenien; N. Zupan Hajna

7.10. WAS IST ZU TUN?

Die Grundlagen jeglichen Karstschutzes sind Wissen und Verstehen. Grundlegende wissenschaftliche Studien bilden die Basis für Schutz, nachhaltiges Management und effektivere Maßnahmen im Falle von Schadstoffeinträgen.

Es gibt drei Schritte, die wir zum Schutz von Karst und Höhlen in der ganzen Welt unternehmen können. Als erstes müssen wir Karst und Höhlen finden, erkennen und ERFORSCHEN. Als nächstes müssen wir Karst und Höhlen studieren, um zu VERSTEHEN. Wenn wir Karst und Höhlen erforschen und verstehen, können wir Maßnahmen ergreifen, um sie zu SCHÜTZEN.

Bom Jesus da Lapa City, BA, Brasilien; J. A. Labegalini

Aufbruch ins Unbekannte; T. Hess

ERFORSCHEN

8.1. HÖHLENFORSCHUNG

Befahrung des Hanke-Wassergangs, Škocjanske Jame, Slowenien; M. Burkey

Höhlenforschung ist von Bedeutung, um unser Wissen über unsere Umwelt zu erweitern. Die Erkundung des unbekannten Karstuntergrundes ist entscheidend, um die Dimensionen und Funktionen von engen Passagen und begehbaren Höhlen zu verstehen. Erkenntnisse können erst dann gewonnen werden, wenn Höhlen gefunden, erkundet und vermessen sind. Höhlen sind oft nur wenig verstandene Erscheinungen, und ihre Vermessung und Dokumentation sind die ersten Schritte, um unser Wissen über die Karstgebiete, in denen sie vorkommen, zu erweitern.

Höhlenforscherlager, Cueva Martin Infierno, Kuba; A. Bengel

Einfahrt nach Untertage, Slowenien; P. Gedei

Höhlenexpedition, Buryatia, Russische Föderation; A. Osintsev

Historische Erforschung der Karlovica, Slowenien; F. A. Steinberg (1758)

Historischer Plan des Abisso di Trebiciano (Labodnica), A. F. Lindner (1841), Italien. Aquarell, Staatsarchiv Triest, Asts I.R.Governo per il Litorale general acts. envelope, no. 1644.

Forschung untertage in der Škocjanske Jame, Slowenien; A. Heilmann (1884)

Höhlen haben schon immer die Sehnsucht und die Träume von Forschern inspiriert. Menschen besuchen und erkunden Höhlen seit Tausenden von Jahren, aber die ersten systematischen Erkundungen und realistischen Beschreibungen datieren in das 17. Jahrhundert. Wie viele andere Naturwissenschaften entwickelte sich die Speläologie, die Höhlenkunde, im 19. Jahrhundert. Die Erforschung von Höhlen durch herausragende Individuen und Höhlenvereine schuf die Grundlagen für die Speläologie als Wissenschaft.

In der ersten Hälfte des 19. Jahrhunderts führte das Studium von Höhlen in den Gebieten um Postojna (Slowenien) und das Kras-Plateau über der Stadt Triest (Italien) zur Entwicklung eines umfassenden Wissens über deren Karstwasserversorgung. Die Forschungen erstreckten sich auch auf die Höhlenpassagen der Postojnska Jama und des Abisso di Trebiciano (Labodnica). Letzterer wurde 1840 bis zu einer Tiefe von 320 m erkundet und war für die nächsten 60 Jahre die tiefste bekannte Höhle der Welt.

Die ersten Höhlenvereine wurden ebenfalls im 19. Jahrhundert gegründet. Mitglieder waren nicht nur Wissenschaftler, sondern alle, die sich für Höhlen interessierten. Nach dem Zweiten Weltkrieg beschlossen europäische Speläologen, über die Grenzen hinweg zusammenzuarbeiten, um eine internationale Konferenz zum Thema Höhlen zu schaffen, die letztendlich im Jahr 1965 zur Gründung der Internationalen Union für Speläologie (UIS) führte (https://www.uis-speleo.org/).

Besuch der Sloup-Höhle; Beduzzi (1748)

8.3. HÖHLENFORSCHUNG

Höhlentauchen, K'oox Baal-Höhle, Mexiko; R. Husák

Befahrung der Shuanghedong, China; J. F. Fabriol

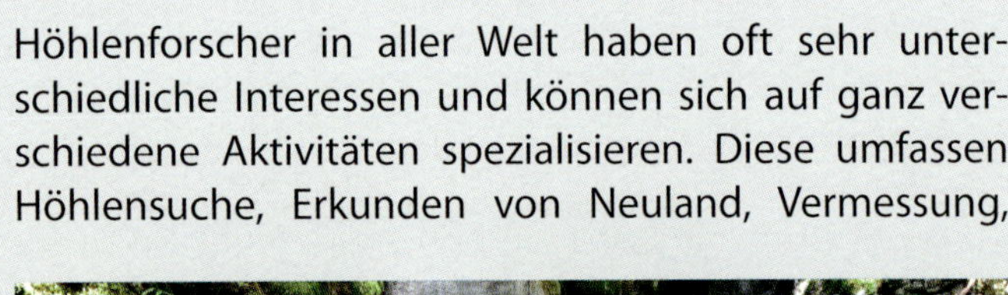

Höhlenforscher in aller Welt haben oft sehr unterschiedliche Interessen und können sich auf ganz verschiedene Aktivitäten spezialisieren. Diese umfassen Höhlensuche, Erkunden von Neuland, Vermessung, Tauchen, Grabungen, Fotografie, Biologie, Dokumentation von Höhlendaten und Katasterarbeiten. Andere genießen schlicht den Besuch von Höhlen und das Abenteuer, Höhlen zu erkunden.

Nasse Befahrung, Şura Mare-Höhle, Rumänien; R. Flament

Einfahrt in eine Höhle, Slowenien; J. Hajna

Höhlendokumentation, Gouffre de Padirac, Frankreich; J. F. Fabriol

8.3.1. BEFAHRUNGSTECHNIK

Traversieren, Slowenien; P. Gedei

Grabung, Frankreich; M. Blatnik

Die Befahrung von Höhlen erfordert einige grundlegende Fähigkeiten wie Gehen, Kriechen, Schwimmen, Klettern, Steigen von Leitern, Aufsteigen am Seil und Abseilen, und all das in fast vollständiger Dunkelheit. Die anspruchsvollste Technik ist das Höhlentauchen. Zusätzlich zu guten Kenntnissen von Höhlen und den übrigen Befahrungstechniken ist hierfür eine spezielle und fortgeschrittene Tauchausbildung notwendig, unter anderem weil die Sichtverhältnisse beschränkt sind und die Orientierung in wassergefüllten Gängen schwierig und mit Gefahren verbunden ist.

Seilaufstieg, UK; R. Flament

Drahtseilleiter, Tschechien; M. Audy

Schlufen, Slowenien; P. Gedei

Tauchen, Dominikanische Republik; R. Flament

8.3.2. HÖHLENVERMESSUNG

Vektor-Plan der Punkevni-Höhle, Tschechien; J. Sirotek

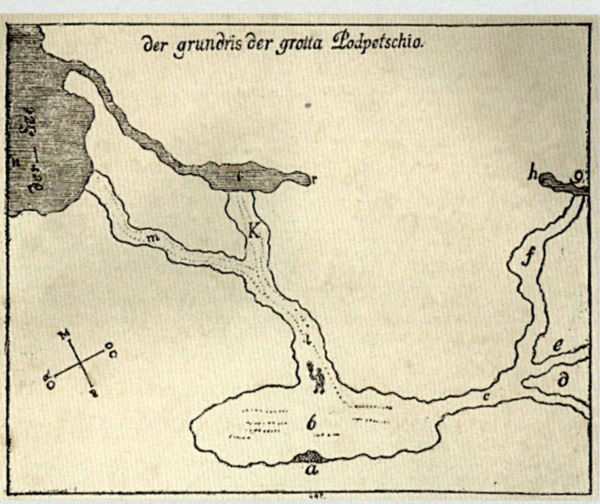

Höhlenplan der Podpeška Jama, Slowenien; J.V. Valvasor (1687)

Höhlen sind eine große Herausforderung für eine katastermäßige Erfassung, Dokumentation und Darstellung, weil sie oft schwer zugänglich sind. In der klassischen Vermessung (z.B. mit Kompass und Maßband oder Theodolit) ist die Darstellung der Höhle eine sehr persönliche Interpretation, da viele Details dem menschlichen Auge verborgen bleiben. Mit der Einführung neuer Technologien, speziell Lasermessungen und Laserscannern, bei denen Scans überlappen und in leistungsfähigen Computern zu 3D-Modellen zusammengesetzt werden, sind wir in der Lage, Höhlen im kleinsten Detail zu erfassen und für jedermann sichtbar zu machen.

Der GeoSLAM ZEB1 3D-Mobilscanner; M.Audy

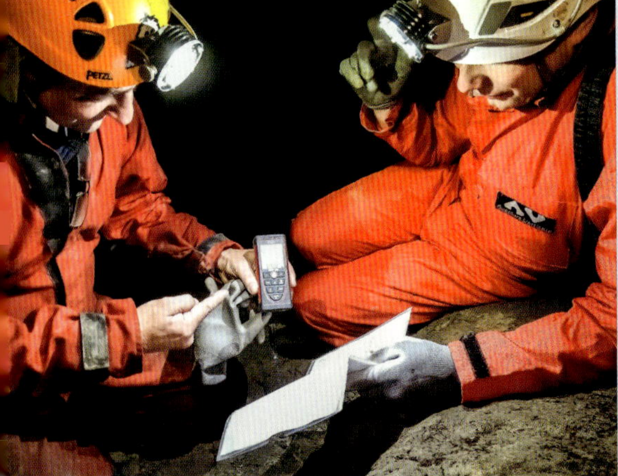

Höhlenvermessung, Slowenien; M. Blatnik

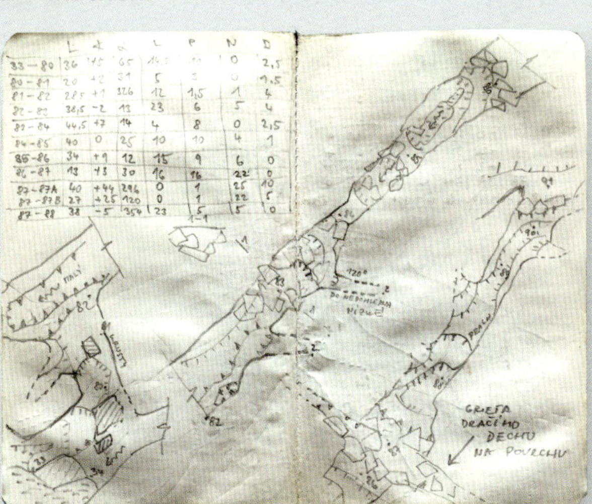

Planskizze, Venezuela; M. Audy

3D-Modell einer Höhle mit Einsturzdolinen. Škocjanske Jame, Slowenien; N. Zupan Hajna (nach Scan-Daten von R. Walters)

8.3.3. HÖHLENKATASTER

3D-Lasermessungen, Slowenien; M. Burkey

Höhlenvermessung, Slowenien; J. Hajna

Höhlenforscher registrieren alle bekannten Höhlen und sammeln alle verfügbaren Informationen in Datensammlungen. Allerdings sind die Datensammlungen weltweit nicht einheitlich, und nicht alle sind von gleicher Qualität. Der typische Karteieintrag enthält Informationen über den Ort der Höhle, Länge, Tiefe und Beobachtungen in der Höhle, einen Höhlenplan und Fotos. Die ersten Datensammlungen waren auf Papier, alle Einträge und Pläne wurden in einer Registratur archiviert. Heutzutage sind die meisten in eine elektronische Datenbasis umgewandelt worden, in der Daten einfach gelagert, analysiert, mit anderen geteilt, geschützt, gesichert und um neue Einträge erweitert werden können. Kartenerstellung und Höhlenvermessung in Geografischen Informationssystemen (GIS) liefern nicht nur für die Höhlenforschung und die Wissenschaft wertvolle Informationen, sondern unterstützen auch Management und Schutz von Höhlen und Karst.

Höhlenfotografie, Slowenien; P. Gedei

Höhlenkataster am Karst Research Institute ZRC SAZU, Slowenien; IZRK Archive

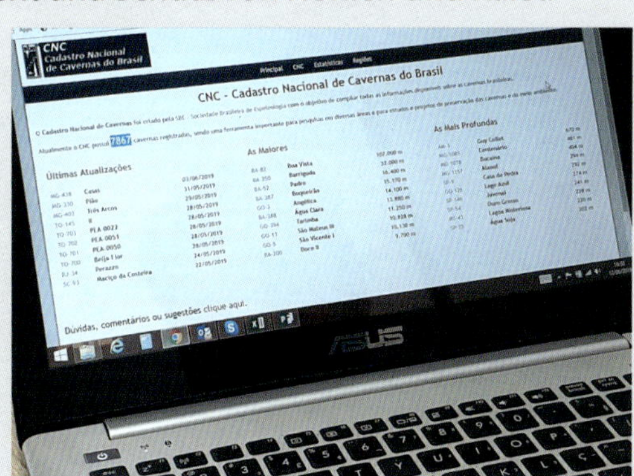

Elektronisches Höhlenkataster, Brasilien; N. Zupan Hajna

Höhlenvermessung, Deutschland; R. Straub

Beprobung von Höhlensediment, Slowenien; A. Hajna

VERSTEHEN

9.1. HÖHLEN- UND KARSTWISSENSCHAFT

Qualitätskontrolle einer Karstquelle, Slowenien; M. Blatnik

Studium einer Gletscherhöhle, OR, USA; E. Guth

Karst und Höhlen werden in drei Dimensionen studiert, und die Forschung ist in hohem Maße interdisziplinär. In den vergangenen Jahren wurden enorme Fortschritte erzielt. Zahllose umfassende Studien zu Karstoberfläche, Höhlen, Karstwasser und -ökologie wurden durchgeführt. Entscheidend hierfür ist das Verhältnis von Höhlenforschern und Wissenschaftlern, der Austausch von Kenntnissen über Höhlen, ihre Lage, Höhlenplänen und Informationen über wichtige Entdeckungen (z.B. Geologie, Paläontologie, Archäologie, Biologie).

Diskussion der Geomorphologie, Slowenien; N. Zupan Hajna

Messung von Karstprozessen, Slowenien; C. Mayaud

Sammlung von Höhlensediment, Slowenien; N. Zupan Hajna

Vermessung, Dominikanische Republik; R. Flament

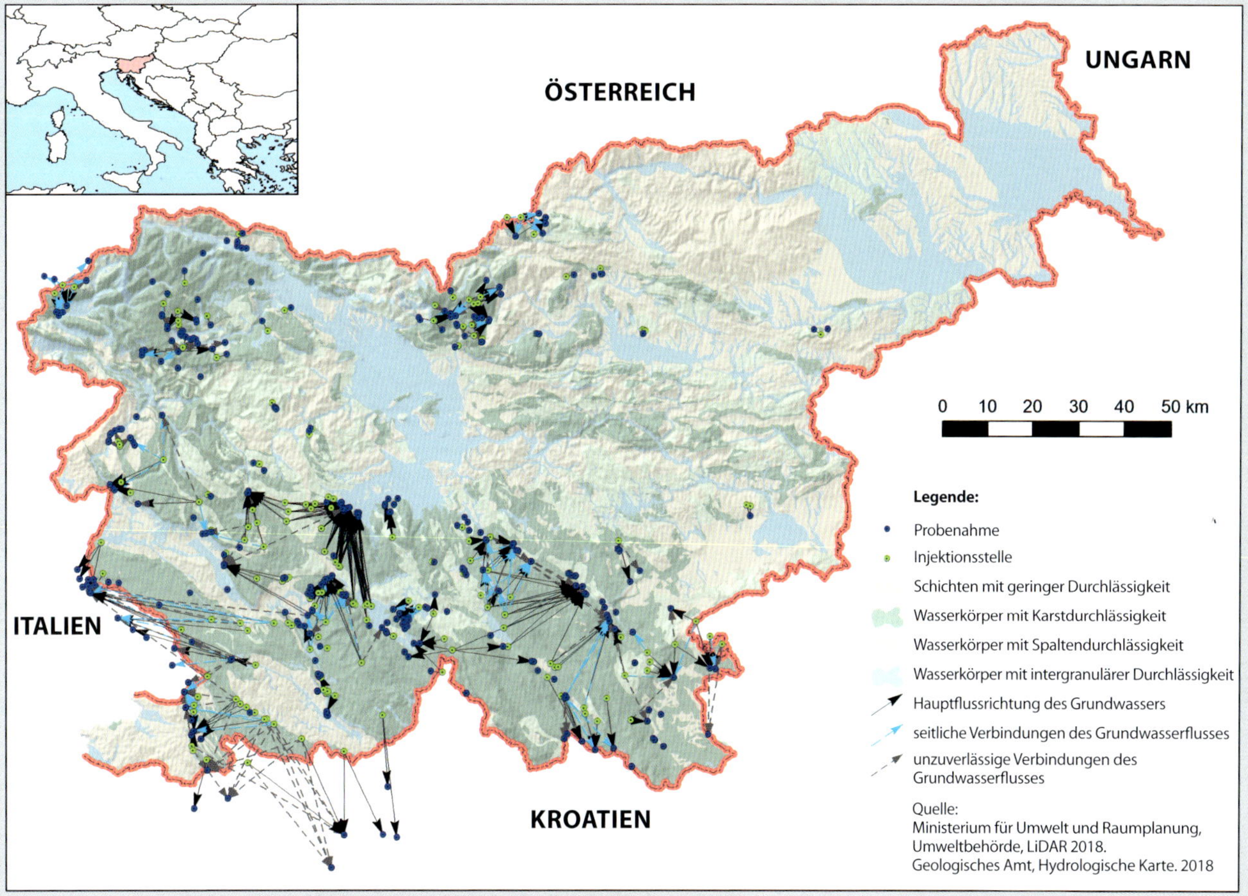

9.2. KARSTWASSERSTUDIEN

UNGARN
ÖSTERREICH
ITALIEN
KROATIEN
0 10 20 30 40 50 km
Legende:
Probenahme
Injektionsstelle
Schichten mit geringer Durchlässigkeit
Wasserkörper mit Karstdurchlässigkeit
Wasserkörper mit Spaltendurchlässigkeit
Wasserkörper mit intergranulärer Durchlässigkeit
Hauptflussrichtung des Grundwassers
seitliche Verbindungen des Grundwasserflusses
unzuverlässige Verbindungen des Grundwasserflusses
Quelle:
Ministerium für Umwelt und Raumplanung, Umweltbehörde, LiDAR 2018.
Geologisches Amt, Hydrologische Karte. 2018

Ergebnisse von Tracer-Versuchen in Slowenien; Petrič et al. (2020)

Einbringen von Tracern, Slowenien; M. Petrič

Moderne Forschungsmethoden im Karstwasserkörper ermöglichen uns Erkenntnisse über die Art und Richtung des Grundwasserflusses. Dies ist entscheidend für die Planung einer nachhaltigen Nutzung und eines effektiven Schutzes der Karstwasservorräte. Tracer-Versuche, das Einbringen ungiftiger Farbstoffe in Höhlen, Brunnen und Erdfällen, sind eine Standardmethode, um Fließgeschwindigkeit und -richtung in Karstwasserkörpern, das Einzugsgebiet einer Quelle oder die hydrologischen Bedingungen eines Gebietes festzustellen. Diese Informationen sind entscheidend, um Trinkwasservorräte vor Verschmutzung und Übernutzung zu schützen.

Wasserstandsmessungen, Kroatien; N. Zupan Hajna

Höhlenstudien am Sandy Glacier, OR, USA; B. McGregor

Karstwasserstudien, Slowenien; J. Hajna

Mothera Glacier Cave, WA, USA; E. Guth

Speläologie ist das wissenschaftliche Studium und die Erforschung von Höhlen. Praktische Höhlenforscher und Wissenschaftler arbeiten Hand in Hand, indem die Erkundung Wissenschaft erst möglich macht und die Wissenschaft der Erkundung größeren Wert und Sinn verleiht. Speläologie als Wissenschaft hat sich in viele verschiedene Richtungen entwickelt. Obwohl alle Wissenschaften auf die eine oder andere Art miteinander verknüpft sind, ist die Speläologie in besonderem Maße interdisziplinär. Sie hat sehr enge Verbindungen zu sehr vielen und sehr verschiedenen Fachgebieten, wie Geologie, Physik, Hydrologie, Biologie, Mikrobiologie, Paläontologie, Archäologie, Geschichte, Mineralogie, Paläoklimatologie, Chemie, Ingenieurwissenschaften und Astronomie.

Höhlenklimastudien, Slowenien; B. Kogovšek

9.3.1. MODELLIERUNG

Konzeptionelle und Computermodelle haben zu vielen neuen Erkenntnissen über die Entstehung von Höhlen geführt. Speläogenese beginnt mit Wasser, das ursprünglich durch Spalten sickert, die sich durch Gesteinslösung langsam zu Höhlen vergrößern. Mathematische Modelle der Speläogenese basieren auf der Physik und Chemie reaktiven Fließens in einem spaltenführenden, porösen Medium. Die Modelle liefern Erkenntnisse über die grundlegenden Mechanismen bei der Entstehung eines einzelnen Karstwasserleiters und eines Netzwerks von Wasserleitern unter verschiedenen Bedingungen.

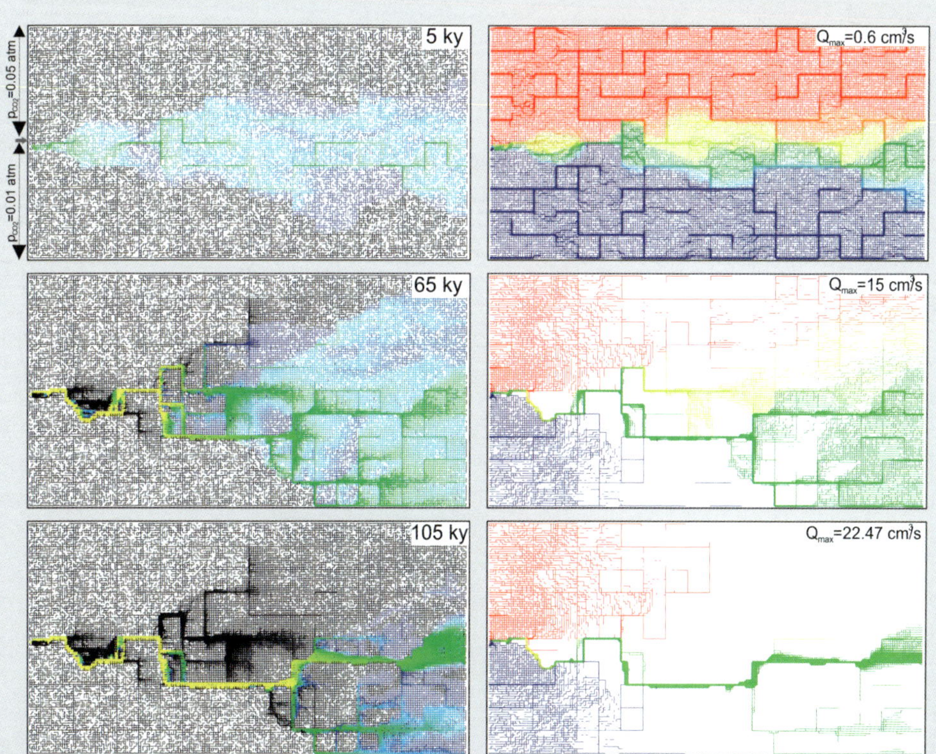

Entwicklung der Fließgeschwindigkeiten in einem einzelnen sich entwickelnden Abflussweg; F. Gabrovšek aus Dreybrodt et al. (2005)

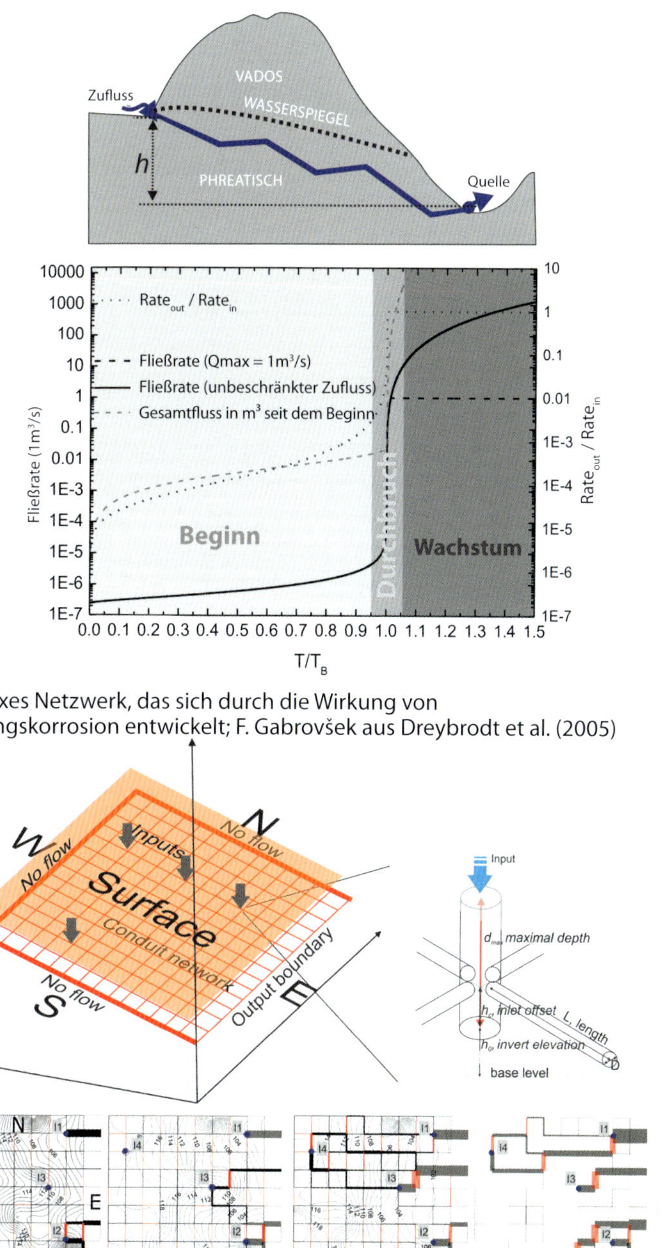

Komplexes Netzwerk, das sich durch die Wirkung von Mischungskorrosion entwickelt; F. Gabrovšek aus Dreybrodt et al. (2005)

Ein 2D-Kluftnetzwerk im Übergang von phreatischen zu vadosen Bedingungen; F. Gabrovšek aus Perne et al. (2014)

9.3.2. DATIERUNG UND KLIMA-ARCHIVE

Höhlensedimente aus verschiedenen Umgebungen und hydrologischen Zonen sind sehr oft die einzigen Sedimente, die terrestrische Phasen der Landschaftsentwicklung wiedergeben. Klastische Höhlensedimente repräsentieren die Information großer Flussbecken und haben, kombiniert mit Tropfsteinen, ein enormes Potential für das Verständnis vergangener Zeitabläufe und das Alter bestimmter Prozesse (z.B. Studien des Paläomagnetismus und der Magnetostratigraphie, Mineralogie, Geochemie, Sedimentologie, stabiler Isotope und Datierungen). Im Zusammenhang mit frühmenschlicher Evolution und Kunst sind Tropfsteine mit großem Erfolg genutzt worden, um Alter und Informationen zum Paläoklima zu erhalten. Klastische Höhlensedimente wurden genutzt, um Informationen zu Speläogenese, Paläogeographie und Paläoklima und zum Zeitpunkt der Ablagerung zu erhalten.

Tropfsteine werden auch als Klima-Archive untersucht. Ihre Lage innerhalb der Höhlenumgebung und ihre Wuchsmuster ermöglichen es, sie als Archive für verschiedene Klimagrößen zu benutzen. Die wichtigsten Messgrößen sind die Verhältnisse der stabilen Isotope von Sauerstoff ($\delta^{18}O$) und Kohlenstoff ($\delta^{13}C$) sowie Spurenelemente. Diese können Hinweise auf Veränderungen der Niederschläge, Temperaturen und Vegetation in der Vergangenheit liefern.

Probenahme für paläomagnetische Datierungen, Slowenien; N. Zupan Hajna

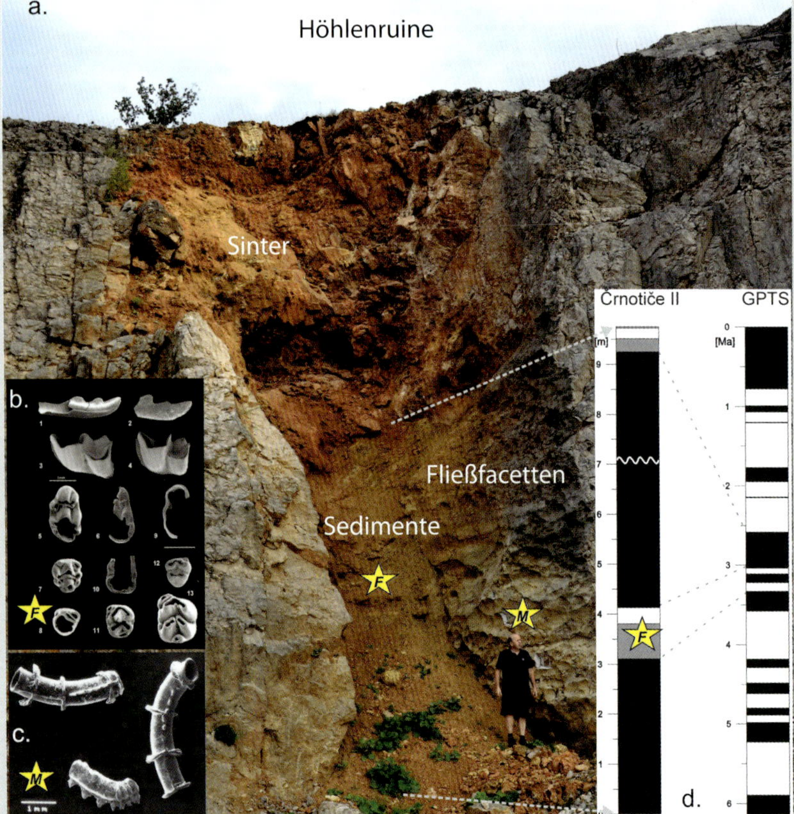

Datierung der Höhlenruine Črnotiče II; aus Zupan Hajna et al. (2020).
a.) allogene Flusssedimente mit Faunenresten, bedeckt von Speläothemen und roten Lehmen; Fließfacetten sind in der Höhlenwand erhalten;
b.) F - Reste von *Soricidae* und *Muridae*;
c.) M - Röhren von *Marifugia cavatic* unter dem Elektronenmikroskop;
d.) Magnetostratigraphisches Profil, korreliert mit der Zeitskala der geomagnetischen Umpolungen (GPTS).

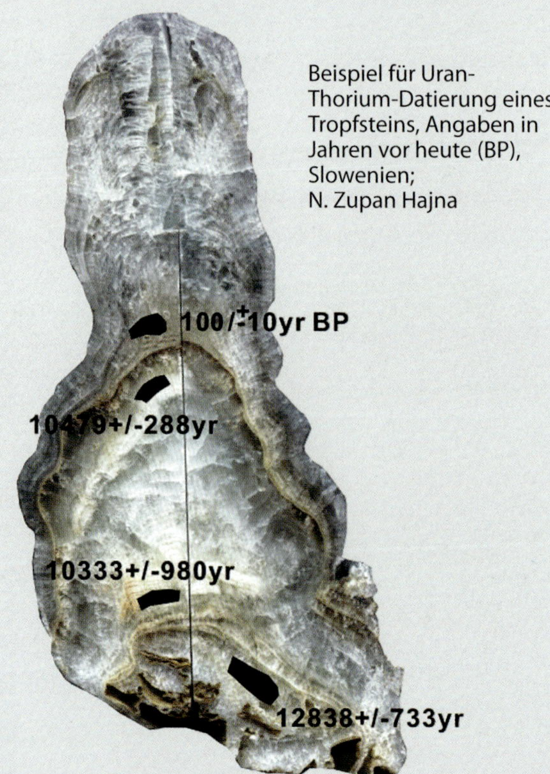

Beispiel für Uran-Thorium-Datierung eines Tropfsteins, Angaben in Jahren vor heute (BP), Slowenien; N. Zupan Hajna

9.3.3. HÖHLENBIOLOGIE

Aufsammeln von Höhlenfauna; R. Straub

Biospeläologie oder Höhlenbiologie ist das Studium der Lebensformen in Höhlen und anderen unterirdischen Habitaten. Unterirdische Lebensformen umfassen alle Organismen von Bakteriengemeinschaften bis zu Wirbellosen und Wirbeltieren, die im Untergrund vorkommen oder leben. Biospeläologie wurde als wissenschaftliche Disziplin 1831 geboren, als das erste Höhlentier, der Schlankhalskäfer *Leptodirus hochenwartii*, in der Postojnska Jama (Slowenien) gefunden und 1832 von Schmidt wissenschaftlich beschrieben wurde.

Heutzutage hat die Biospeläologie viele Richtungen, von DNA-Sequenzstudien, in denen Wissenschaftler Verwandtschaftsverhältnisse der Arten und ihre Evolution ermitteln, bis zu Umweltstudien und mikrobiologischen Studien von Mikroorganismen, die an nährstoffarme Umgebungen angepasst sind und einen auf Kohlenstoff, Stickstoff und Schwefel basierenden Stoffwechsel nutzen.

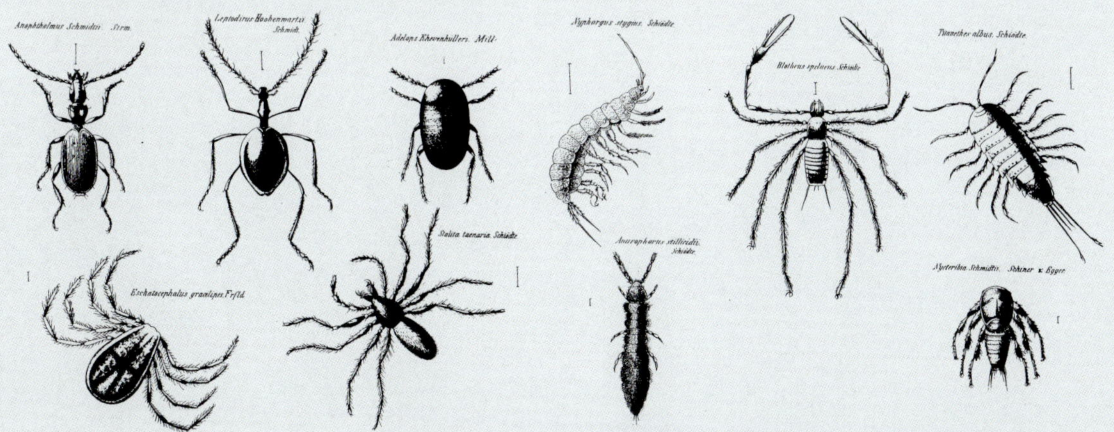

Abbildungen der ersten Höhlentiere aus der Postojnska Jama; aus Schiner (1854)

Fledermäuse, Cueva de Tubagua, Dominikanische Republik; R. Flament

Križna Jama, Slovenia; P. Gedei

SCHÜTZEN

10.1. NACHHALTIGES KARSTMANAGEMENT

Zerstörtes Karstpolje-Ökosystem, Kohleabbau für ein Heizkraftwerk, Bosnien-Herzegovina; N. Zupan Hajna

Um menschliche Beeinträchtigungen in Karstgebieten zu minimieren, ist es notwendig, existierende Studien zu kennen, gegebenenfalls neue Studien durchzuführen und mit Planern zusammenzuarbeiten, um bestmögliche Lösungen zu finden. Die besten Lösungen in Karstgebieten basieren auf der Entwicklung von Plänen zur nachhaltigen Nutzung von Karst- und Höhlenressourcen sowie auf einem Monitoring von Einflüssen, um deren Nachhaltigkeit sicherzustellen.

Strategien zur Verbesserung von Karstmanagement:

1. Verabschiedung geeigneter Gesetze
2. Durchsetzung existierender gesetzlicher Regeln
3. Ausbildung von Ressourcenmanagern
4. Sensibilisierung der Öffentlichkeit (z.B. Soziale Netzwerke, Websites, Fernsehen, Zeitschriften, öffentliche Vorträge und Workshops, Ausstellungen, Projekte)
5. Bildung und Erziehung der lokalen Bevölkerung im Karst (z.B. Schulen, Gemeinden, Vereine)

10.2. SCHUTZ VON KARSTGEBIETEN

Nachhaltige Landwirtschaft, Sligo, Irland; M. Blatnik

Nachhaltiger Tourismus, Insel Zakynthos, Griechenland; M. Hajna

Das Ergebnis von Karststudien kann als Basis für den Schutz und effektivere Reaktionen auf Verschmutzung dienen. In den vergangenen Jahren ist das Bewusstsein für die Bedeutung und Verletzlichkeit von Höhlen und Karst gewachsen. Um die Empfindlichkeit von Karstwässern gegenüber Verschmutzung zu erfassen, muss die Fähigkeit der Karstumwelt zur Neutralisierung möglicher Schadstoffe untersucht werden. Derartige Abschätzungen basieren auf den geologischen und hydrologischen Eigenschaften des Karstwasserkörpers. Die striktesten Schutzmaßnahmen müssen in den empfindlichsten Gebieten ergriffen werden. Die schädlichsten menschlichen Aktivitäten sollten dort verboten werden. Es ist jedoch entscheidend zu verstehen, dass jeglicher Karst sehr empfindlich ist und wirksame Schutzmaßnahmen verlangt, auch wenn keine oberflächlichen Karstphänomene oder Höhlen sichtbar sind.

Karstwissenschaftliche Überwachung von Baustellen, Slowenien; N. Zupan Hajna

Kläranlage, Triest, Italien; N. Zupan Hajna

10.3. SCHUTZ DES UNTERGRUNDES

Information von Höhlenbesuchern, Slowenien; J. Hajna

In vielen Ländern sind Höhlen Teil ihres Naturerbes und durch verschiedene Gesetze und Verordnungen geschützt. Die Erforschung von Höhlen muss so durchgeführt werden, dass die Sicherheit der Forscher, aber auch die Sicherheit der Höhle garantiert ist. Jegliche Beeinträchtigung muss vermieden werden. In den letzten Jahren haben viele Höhlenforscher an Projekten gearbeitet, um Höhlen zu reinigen und so weit wie möglich wiederherzustellen. Nicht alle Schäden können wiedergutgemacht werden. Es wurden auch weitere Maßnahmen ergriffen, um künftige Schäden zu minimieren (z.B. Wegmarkierungen, um den größten Teil der Höhle natürlich und unberührt zu lassen).

Überwachung von Höhlenbesuchen in Nullarbor, SA, Australien; N. Zupan Hajna

Höhlenreinigung, Karst Underground Protection Project, Slowenien/Kroatien; M. Prelovšek

Höhlenreinigung durch das Projekt "Guardians of the Earth", Slowenien; B. Kladnik

10.4. RICHTLINIEN FÜR HÖHLENTOURISMUS

Limitierte Anzahl von Besuchern pro Tag, Križna Jama, Slowenien; Cs. Egri

Nutzung einer LED-Beleuchtung, Grotte di Frasassi, Italien; N. Zupan Hajna

Nutzung moderner Materialien für erhöhte Wege, Jenolan Caves, NSW, Australien; N. Zupan Hajna

Menschen besuchen Höhlen aus ganz verschiedenen Gründen. Es ist wichtig, dass alle Höhlenbesuche kontrolliert, organisiert und höhlenfreundlich sind. Besucher müssen über die Bedeutung und Empfindlichkeit von Höhlen informiert werden, um nicht wieder gut zu machende Schäden zu vermeiden. Höhlentourismus ist dabei, zu einem immer wichtigeren Teil der Tourismusindustrie zu werden. Natur- und Höhlenschutz sind zwei Aspekte, auf die besonderer Wert gelegt werden muss, wenn Höhlen für den Tourismus erschlossen werden. Richtlinien zur nachhaltigen Entwicklung von Schauhöhlen sind von verschiedenen Institutionen entwickelt worden, unter anderen von der Internationalen Union für Speläologie (UIS) und der International Show Caves Association (ISCA).

Kleine Touristengruppen, Rìo Secreto, Yucatan, Mexiko; RSA

Höhleneingang mit Barriere zur Schuhdesinfektion, Postojnska Jama, Slowenien; P. Gedei

10.4.1. MONITORING IM HÖHLENTOURISMUS

Messstation, Postojnska Jama, Slowenien; N. Zupan Hajna

Klimamessstation an der Grotta Gigante (Velika Jama v Briščikih), Italien; N. Zupan Hajna

Aufzeichnungsgerät der Höhlenatmosphäre, Jenolan Caves, NSW, Australien; N. Zupan Hajna

In Schauhöhlen mit hohen Besucherzahlen ist ein nachhaltiges Management eine der größten Herausforderungen. Während der direkte physische Einfluss der touristischen Infrastruktur auf das Höhlenumfeld relativ einfach zu erfassen ist, ist die Erfassung indirekter Einflüsse sehr viel schwieriger. Dazu ist eine langfristige Überwachung und Analyse von Umweltparametern entscheidend. Chemische und physikalische Parameter des Sickerwassers und der Zuflüsse von außerhalb sowie Lufttemperatur, Luftfeuchtigkeit, Wind, CO_2- und Radon-Konzentration müssen überwacht werden.

10.5. BILDUNG UND ERZIEHUNG

Beispiele für öffentliche Aufklärung und Umweltbildung – ein privates Familienmuseum am See Cerknica, Slowenien; N. Zupan Hajna

Grundschule, Slowenien; M. Blatnik

Der beste Umweltschutz ist Wissen. Die Probleme beim Schutz von Höhlen, ihrem Ökosystem und dem Karstgrundwasser können nicht allein durch gesetzliche Verordnungen gelöst werden. Bildung Erziehung sind von entscheidender Bedeutung. Menschen schätzen Dinge nicht, die sie nicht verstehen, und werden sie deshalb auch nicht schützen. Wissen über Karst und Höhlen sollte für jedermann zugänglich sein, vom Kleinkind bis zum Erwachsenen. Umweltbildung und Erziehung sind wichtig für Gesetzgeber, Entscheidungsträger und Verwaltungen sowie für die allgemeine Öffentlichkeit, die wählt und Entscheidungen beeinflusst. Erziehung führt außerdem zu einer effektiven Zusammenarbeit zwischen Experten, Steuernden und Ausführenden einer klugen Planung des Schutzes von Höhlen, ihrer Inhalte, der Karstlandschaften und der damit zusammenhängenden Gewässer.

Höhlenführer, Križna Jama, Slowenien; N. Zupan Hajna

Besucher von Schauhöhlen, Postojnska Jama, Slowenien; J. Hajna

Kindergarten, Slowenien; M. Blatnik

Internationale Karstexperten-Konferenz, Slowenien; N. Zupan Hajna

Kačunova Ravan, Serbien; M. Audy

Siedlungen und Nutzung natürlicher Ressourcen im und am Cerkniško Polje, Slowenien; J. Hajna

Die Internationale Union für Speläologie (UIS) hat 2017 beschlossen, im Jahr 2021 zusammen mit ihren Partnern und Unterstützern das Projekt „Internationales Jahr für Höhlen und Karst" durchzuführen. Hauptziel ist, durch Aktionen auf verschiedensten öffentlichen Ebenen das Wissen über Höhlen und Karst als unbezahlbare natürliche und kulturelle Ressource zu fördern.

Karst und Höhlen sind Teil „unserer Umwelt". Auch wenn wir nicht selbst im Karst wohnen oder je eine Höhle besucht haben, profitieren alle Menschen dieser Erde vom Wasser, das Karstgebiete zur Verfügung stellen, von ihren Ökosystemen, die uns unterstützen, von ihrem ökonomischen Wert als Touristenziele und von den wissenschaftlichen Erkenntnissen, die unser Leben verbessern (aus IYCK 2021, https://iyck2021.org/).

Škocjanske Jame, UNESCO-Welterbegebiet seit 1986, Slowenien; B. Lozej

UNESCO FÜR HÖHLEN UND KARST

11.1. UNESCO-WELTERBEGEBIETE MIT HÖHLEN- UND KARSTBEZUG

UNESCO-Welterbegebiete mit Höhlen- und Karstbezug (z.B. Kalkgestein, Gesteinslösung, Landschaftserscheinungen) sind über die ganze Welt verteilt. Mit Stand 2020 finden sich 93 Gebiete in 48 Ländern auf der Liste. Das Konzept des Welterbes ist es, natürliche und kulturelle Schätze von „herausragender universeller Bedeutung für künftige Generationen zu bewahren". Diese Stätten regulieren auch die Interaktion von Menschen und Natur mit der fundamentalen Notwendigkeit einer Balance zwischen den beiden. Der Welterbe-Status verpflichtet die Länder, die ausgewiesenen Gebiete zu schützen. Wird dies vernachlässigt, kann ein Gebiet seinen Wert und damit seinen Status verlieren.

Südchinesischer Karst, Welterbegebiet 2007, Li-Fluss, China; C. Mayaud

Grand Canyon, UNESCO-Welterbegebiet 1979, zahlreiche Höhlen in Kalkschichten, AZ, USA; A. Hajna

Aggtelek-Nationalpark, Welterbegebiet 1995, Ungarn/Slowakei; Cs. Egri

11.2. UNESCO GLOBAL GEOPARKS MIT HÖHLEN- UND KARSTBEZUG

UNESCO Global Geopark Karawanken, Slowenien/Österreich, Olševa-Berg mit dem Eingang zur archäologischen Höhle Potočka Zijalka; U. Stepišnik

Mit Stand 2020 gab es 70 UNESCO Global Geoparks mit Höhlen- und Karstbezug. UNESCO Global Geoparks sind individuelle, zusammenhängende geographische Gebiete, in denen Plätze und Landschaften von internationaler geologischer Bedeutung mit einem umfassenden Anspruch an Schutz, Erziehung und nachhaltiger Entwicklung verwaltet werden. Das geologische Erbe wird im Einklang mit allen anderen Aspekten des natürlichen und kulturellen Erbes des Gebietes genutzt.

Burren National Park, UNESCO Global Geopark, Irland; M. Blatnik

UNESCO Global Geopark Gunung Sewu, Karstmuseum, Indonesien; N. Zupan Hajna

Manjanggul-Höhle, Insel Jeju UGG, Südkorea; G. Veni

Causses du Quercy UGG, Frankreich, R. Flament

QUELLEN

Chen, Z., Goldscheider, N., Auler, A., Bakalowicz, M., Broda, S., Drew, D., Hartmann, J., Jiang, G., Moosdorf, N., Richts, A., Stevanovic, Z., Veni, G., Dumont, A., Aureli, A., Clos, P. & Krombholz, M. (2017): World Karst Aquifer Map (WHYMAP WOKAM). – BGR, IAH, KIT, UNESCO, https://doi.org/10.25928/b2.21_sfkq-r406

Dreybrodt, W., Gabrovšek, F. & Romanov, D. (2005): Processes of Speleogenesis: A Modeling Approach. – Carsologica 4, ZRC Publishing, Postojna

Fairchild, I.J. & Baker, A. (2012): Speleothem science: from process to past environments. – John Wiley and Sons

Ford, D.C. & Williams, P.W. (2007): Karst Hydrogeology and Geomorphology. – Wiley, Chichester

Gunn, J., Hrsg. (2007): Encyclopedia of Caves and Karst Science. – Fitzroy Dearborn, New York

Hill, C. & Forti, P. (1997): Cave Minerals of the World. – Second Edition, NSS, Huntsville

Horáček, I., Mihevc, A., Zupan Hajna, N., Pruner, P. & Bosák, P. (2007): Fossil vertebrates and paleomagnetism update one of the earlier stages of cave evolution in the Classical Karst, Slovenia: Pliocene of Črnotiče II site and Račiška pečina. – Acta Carsologica 37(3): 451-466, https://doi.org/10.3986/ac.v36i3.179

Klimchouk, A., Palmer, A.N., De Waele, J., Auler, A.S. & Audra, P., Hrsg. (2017): Hypogene Karst Regions and Caves of the World. – Springer International, Cham, Schweiz

Palmer, A.N. (2007): Cave Geology. – Cave Books, Dayton, OH, USA

Perne, M., Covington, M. & Gabrovšek, F. (2014): Evolution of karst conduit networks in transition from pressurized flow to free-surface flow. – Hydrol. Earth Syst. Sci. 18(11): 4617-4633, https://doi.org/10.5194/hess-18-4617-2014

Persoiu, A. & Lauritzen, S.E., Hrsg. (2018): Ice Caves. – Elsevier, Amsterdam

Petrič, M., Ravbar, N., Gostinčar, P., Krsnik, P. & Gacin, M. (2020): GIS database of groundwater flow characteristics in carbonate aquifers: Tracer test inventory from Slovenian karst. – Applied Geography 118: 102191

Schiner J.R. (1854): Fauna der Adelsberger-, Lueger und Magdalenen-Grotte. – In: Schmidl, A.: Zur Höhlenkunde des Karstes. Die Grotten und Höhlen von Adelsberg, Lueg, Planina und Laas, S. 231-272, Braumüller, Wien

Slon, V., Mafessoni, F., Vernot, B. et al. (2018): The genome of the offspring of a Neanderthal mother and a Denisovan father. – Nature 561: 113-116, https://doi.org/10.1038/s41586-018-0455-x

Stevanović, Z. (2019): Karst waters in potable water supply: a global scale overview. – Environmental Earth Sciences 78: 662 ff., https://doi.org/10.1007/s12665-019-8670-9

Sugden, A.M. (2020): Dating the Drimolen hominins. – Science 368: 42-44, https://doi.org/10.1126/science.368.6486.42-k

Summers Engel, A., Hrsg. (2015): Microbial Life of Cave Systems. Life in Extreme Environments. – Walter de Gruyter, Berlin

Valvasor, J.V. (1689): Die Ehre deß Hertzogthums Crain etc. – Wolfgang Moritz Endter, Nürnberg

White, W.B., Culver, D.C. & Pipan, T., Hrsg. (2019): Encyclopedia of Caves. – 3rd Edition, Elsevier, London

Wray, R.A.L. & Sauro, F. (2017): An updated global review of solutional weathering processes and forms in quartz sandstones and quartzites. – Earth Sci. Rev. 171: 520-557

Zupan Hajna, N., Bosák, P., Pruner, P., Mihevc, A., Hercman, H. & Horáček, I. (2020): Karst sediments in Slovenia: Plio-Quaternary multi-proxy records. – Quaternary International 546: 4-19

Zupan Hajna, N., Ravbar, N., Rubinić, J. & Petrič, M., Hrsg. (2017): Life and Water on Karst. – 2nd print run, ZRC Publishing, Postojna

12.2. DIGITALE QUELLEN

International Union of Speleology-UIS; https://uis-speleo.org/
International Year of Caves and Karst; https://iyck2021.org/
World-wide Hydrogeological Mapping and Assessment Programme (WHYMAP), http://www.whymap.org
Data-and-maps, worldmap_WGS1984 area.shp> shapefile

Predjama-Höhlenschloss, Slowenien; A. Hajna

Cottonwood Cave, NM, USA; M. Audy

DANK

Die Autorin dankt allen beitragenden Fotografen aus 18 verschiedenen Ländern, die für dieses Buch zum Internationalen Jahr für Höhlen und Karst ihre Fotografien zur Verfügung gestellt haben. Dank auch an die Mitglieder der Internationalen Union für Speläologie (UIS-Büro) und speziell an die Mitglieder des IYCK-2021-Organisationskomitees, Dr. George Veni, Dr. Fadi Nader, Zdeněk Motyčka, Bärbel Vogel, Gyula Hegedüs und Andy Eavis, für all ihre Hilfe bei der Erstellung des Buches und der Sammlung von Fotos zu Karsterscheinungen und Höhlen. Dank an Dr. Derek Ford und Dr. Paul Williams für ihr freundliches Vorwort. Dank an Dr. Carolyn Ramsey, Dr. Paul Griffiths und Bill l'Anson für die Sprachkorrektur, an Marek Audy und Zdeněk Motyčka for ihre hilfreichen Ideen und Ratschläge zu Layout und Inhalt. Dank an den Vorstand des ZRC SAZU Karst Research Institute, Dr. Tadej Slabe, für seine Unterstützung während der Erstellung und des Drucks, an Dr. Andrej Mihevc für die konstruktiven Diskussionen und an Franjo Drole für die Aufbereitung von Material aus dem Institutsarchiv. Dank an Donatella Cerga und Alessio Fabbricatore für die Hilfe mit dem Plan des Abisso di Trebiciano (Labodnica). Zu guter Letzt Dank an Anja Hajna für all die technische Hilfe und andere unschätzbare Unterstützung.
Erstellung und Druck der englischen Erstauflage des Buches wurden von der Slovenian Research Agency [research core funding No. P6-0119], Slovenian National Commission for UNESCO und MEDIFORM spol. s r.o. finanziert.

Nadja Zupan Hajna